素食荟萃 中国传统

王凤忠 王志东 张洁 —— 主编

U0349458

中国农业科学技术出版社

《中国传统素食荟萃》编委会名单

前　言

习近平总书记提出"全民健康托起全面小康"，但我国目前国民健康状态仍令人担忧。健康是生活方式选择的结果，不良膳食的摄入是引起健康问题的核心因素。早在西汉时期《黄帝内经·素问》中就有"五谷为养，五果为助，五畜为益，五菜为充，气味合而服之，以补精益气"的记载。大自然为我们提供了天然、丰富、全面的营养宝库，但是，随着工业时代的发展，国人逐渐追求麻辣咸鲜的快感，而忽略了食材本身的膳食营养，数千年传统的中华饮食文化被不断地稀释、冲散，消失殆尽。

我国是世界四大文明古国之一，具有悠久的饮食文化历史，事实证明，古老的中华文明是经得住检验的。对国人而言，吃饭不仅是为了果腹，也是一种生活方式，体现出中华民族的智慧与生命尊严，更是生命中的别样色彩。

本书的撰写起始于 2018 年 3 月，是古老智慧与现代科学的结合，一方面，呈现我们的祖先从神农尝百草开始积累的经验，即食材的性、味、归经以及古法主治；另一方面，利用现代分析化学揭示其营养成分含量，力图呈现这些功效发挥的物质基础，从而指导我们将膳食营养渗入日常生活。

在这里需要说明，有关食材性、味、归经，作者发现市面上现有书籍虽然都标注参照《本草纲目》，但是由于同一食材的品种、产区、部位不同，其性、味、归经信息偏离很大，有一些信息自相矛盾。因此，作者对照天津科学技术出版社出版的《本草纲目》，逐一敲定。同时，作为多年科研工作者，深知营养成分的含量与食材生长的环境、品种、采摘季节，甚至当年的自然条件息息相关，也受测定方法、人员操作等影响。在经过大量的中国食材营养成分含量的文献调研后，决定以北京大学医学出版社出版的第 2 版和第 6 版《中国食品成分表》中的数值作为依据，为读者提供参考。在本书中，所有营养成分的含量和能量均以"每 100 克可食部食物"表达，消耗上述能量所需运动量以"跑步时长"表示。

本书的编写和出版得到中国农业科学院基本科研业务费项目（S2020JBKY-14）的资助。期待本书的出版能为重振历史悠久的中华文明贡献一份微薄之力，中国农业科学院农产品加工研究所的所有科学工作者都将为此坚持奋斗。

本书在编写过程中内容及行文可能存在疏漏或不当之处，敬请广大读者批评指正。

2020 年 9 月 10 日

目录

水果类 01

梨　　02 / 苹果 03 / 山　楂 04 / 李　　05 / 杏　　06 / 桃　　07 /
樱　桃 08 / 枣　　09 / 葡萄 10 / 石　榴 11 / 桑　葚 12 / 草　莓 13 /
猕猴桃 14 / 柿　子 15 / 无花果 16 / 金　橘 17 / 橙　　18 / 柠　檬 19 /
柑　橘 20 / 芦　柑 21 / 柚　子 22 / 枇　杷 23 / 杨　梅 24 / 火龙果 25 /
杨　桃 26 / 橄　榄 27 / 椰　子 28 / 榴　莲 29 / 荔　枝 30 / 山　竹 31 /
杧　果 32 / 菠　萝 33 / 香　蕉 34 / 龙　眼 35 / 番木瓜 36 / 西　瓜 37 /
甜　瓜 38 / 甘　蔗 39 /

薯　类 40

马铃薯 41 / 山　药 42 / 甘　薯 43 /

蔬菜类 44

生　姜 45 / 竹　笋 46 / 莴　苣 47 / 莲　藕 48 / 荸　荠 49 / 花椰菜 50 /
黄花菜 51 / 空心菜 52 / 茴　香 53 / 茼　蒿 54 / 香　菜 55 / 芥　菜 56 /
白　菜 57 / 油　菜 58 / 芹　菜 59 / 菠　菜 60 / 荠　菜 61 / 甘　蓝 62 /
苋　菜 63 / 韭　菜 64 / 百　合 65 / 葱　白 66 / 洋　葱 67 / 大　蒜 68 /
蚕　豆 69 / 豌　豆 70 / 四季豆 71 / 白扁豆 72 / 豇　豆 73 / 茄　子 74 /
南　瓜 75 / 番　茄 76 / 丝　瓜 77 / 青　椒 78 / 黄　瓜 79 / 苦　瓜 80 /
冬　瓜 81 / 佛手瓜 82 / 白萝卜 83 / 胡萝卜 84 / 香　椿 85 / 牛　蒡 86 /
蕨　菜 87 / 苜　蓿 88 / 马齿苋 89 / 野菊花 90 / 蒲公英 91 / 紫　苏 92 /
枸杞子 93 / 红　枣 94 / 甘　草 95 / 薄　荷 96 /

菌藻类 97

竹　荪 98　/　金针菇 99　/　平　菇 100　/　黑木耳 101　/　香　菇 102　/　银　耳 103　/
紫　菜 104　/

坚果、种子类 105

核桃仁 106　/　栗　　107　/　莲　子 108　/　黑芝麻 109　/

糖类 110

蜂　蜜 111　/

调料类 112

花　椒 113 /　肉　桂 113 /　高良姜 114 /　陈　皮　114 /　八　角 115 /　桂　皮 115 /
山茱萸 116 /　草　果 116 /　白　芷 117 /　肉豆蔻 117 /　草豆蔻 118 /　豆　蔻 118 /
丁　香 119 /　砂　仁 119 /　小茴香 120 /　干　姜 120 /　木　香 121 /　胡椒粉 121 /

水果类

 **梨** 仁果类

 能量：**211 kJ**

跑步时长：**5.61 min**

安徽、河北、山东、辽宁四省是我国梨的集中产区。梨的常用贮藏温度为 0℃。挑选梨时，应挑果形端正规则、果肉肉质细腻、质地脆而鲜嫩、汁液丰富、味道甜、果肉中的颗粒组织（也就是石细胞）少的果实。

食部：82%

水分：85.9%

蛋白质：0.3 g

脂肪：0.1 g

碳水化合物：13.1 g

不溶性膳食纤维：2.6 g

灰分：0.3 g

维生素 A：2 μg

胡萝卜素：20 μg

维生素 B_1：0.03 mg

维生素 B_2：0.03 mg

维生素 B_3：0.2 mg

维生素 C：5 mg

维生素 E：0.46 mg

钙：7 mg

磷：14 mg

钾：85 mg

钠：1.7 mg

镁：8 mg

铁：0.4 mg

锌：0.1 mg

硒：0.29 μg

铜：0.1 mg

锰：0.06 mg

古法主治

肺热咳嗽、口干口渴，中风不语、伤寒发热。

性味归经

味甘、微酸，性寒，归肺、胃经。

清邪热、清心润肺、祛痰止咳、解毒疮。

苹果 仁果类

🔥 能量：**227 kJ**

🏃 跑步时长：**6.04 min**

苹果原产于欧洲及亚洲中部，目前在我国种植比较广泛。苹果的常用贮藏温度为 0 ± 0.5℃。挑选苹果时，应挑选个头适中、果皮光洁、颜色艳丽、软硬适中、果皮无虫眼与损伤、气味清香、果蒂新鲜的苹果。

食部：85%
水分：86.1%

蛋白质：0.4 g
脂肪：0.2 g
碳水化合物：13.7 g
不溶性膳食纤维：1.7 g
灰分：0.2 g

维生素 A：4 μg
胡萝卜素：50 μg
维生素 B_1：0.02 mg
维生素 B_2：0.02 mg
维生素 B_3：0.02 mg
维生素 C：3 mg
维生素 E：0.43 mg

钙：4 mg
磷：7 mg
钾：83 mg
钠：1.3 mg
镁：4 mg
铁：0.3 mg
锌：0.04 mg
硒：0.10 μg
铜：0.07 mg
锰：0.03 mg

性味归经
味甘、微酸，性平，归肺、脾、胃、心经。生津止渴、补心益气、健胃和脾、通便止痢。

古法主治
津少口渴、脾虚泄泻、食欲不振。

山楂 仁果类

能量: **425 kJ**

跑步时长: **11.3 min**

　　山楂又名红果、山里果、山里红，在我国各地均广泛分布。山楂的常用贮藏温度为 –1~0℃。挑选山楂时，应挑选果皮完整没有虫眼、颜色亮红、果实稍硬、中小个头的山楂。

食部: **76%**
水分: **73%**

蛋白质: **0.5 g**
脂肪: **0.6 g**
碳水化合物: **25.1 g**
不溶性膳食纤维: **3.1 g**
灰分: **0.8 g**

维生素 A: **8 μg**
胡萝卜素: **100 μg**
维生素 B_1: **0.02 mg**
维生素 B_2: **0.02 mg**
维生素 B_3: **0.4 mg**
维生素 C: **53 mg**
维生素 E: **7.32 mg**

钙: **52 mg**
磷: **24 mg**
钾: **299 mg**
钠: **5.4 mg**
镁: **19 mg**
铁: **0.9 mg**
锌: **0.28 mg**
硒: **1.22 μg**
铜: **0.11 mg**
锰: **0.24 mg**

性味归经

味甘、酸，性微温，归脾、胃、肝经。

古法主治

健脾行气、消食健胃、活血化瘀。

食积、泻痢、小肠疝气。

李 核果类

🔥 **能量：157 kJ**

🏃 **跑步时长：4.18 min**

李是传统的五果之一，为重要的温带果树，目前在我国各地均有栽培。李的常用贮藏温度为 0~1℃。挑选李时，应挑选个头小而圆、果皮光滑、色泽鲜艳、软硬度适中的果实。

食部：91%
水分：90%

蛋白质：0.7 g
脂肪：0.2 g
碳水化合物：8.7 g
不溶性膳食纤维：0.9 g
灰分：0.4 g

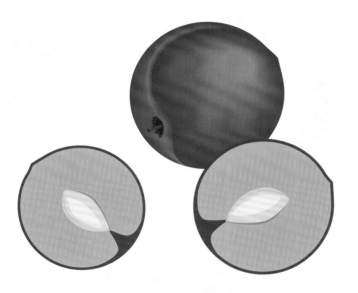

维生素 A：13 μg
胡萝卜素：150 μg
维生素 B_1：0.03 mg
维生素 B_2：0.02 mg
维生素 B_3：0.4 mg
维生素 C：5 mg
维生素 E：0.74 mg

钙：9 mg
磷：11 mg
钾：144 mg
钠：3.8 mg
镁：10 mg
铁：0.6 mg
锌：0.14 mg
硒：0.23 μg
铜：0.04 mg
锰：0.16 mg

古法主治

阴虚内热、消渴引饮、肝胆湿热、腹水、小便不利等。

性味归经

味苦、酸，性微温，归肝、肾经。

生津止渴、清肝除热、消积、利水。

 **杏** 核果类

 能量：**160 kJ**

跑步时长：**4.26 min**

杏是传统的五果之一，原产于中国新疆，目前在我国各地广泛分布。杏的常用贮藏温度为 0~1℃。挑选杏时，应挑取个大、气味清香、无病虫害、果皮颜色黄中带点红的果实。

食部：**91%**
水分：**89.4%**

蛋白质：**0.9 g**
脂肪：**0.1 g**
碳水化合物：**9.1 g**
不溶性膳食纤维：**1.3 g**
灰分：**0.5 g**

维生素 A：**38 μg**
胡萝卜素：**450 μg**
维生素 B_1：**0.02 mg**
维生素 B_2：**0.03 mg**
维生素 B_3：**0.6 mg**
维生素 C：**4 mg**
维生素 E：**0.95 mg**

古法主治
咳嗽气喘、哮喘、肺疾病、腹胀便秘。

润肺定喘，生津止渴。

性味归经
味甘、酸，性热，归肺、心经。

钙：**14 mg**
磷：**15 mg**
钾：**226 mg**
钠：**2.3 mg**
镁：**11 mg**
铁：**0.6 mg**
锌：**0.2 mg**
硒：**0.2 μg**
铜：**0.11 mg**
锰：**0.06 mg**

 **桃** 核果类

 能量：**212 kJ**

跑步时长：**5.64 min**

桃原产于中国，是传统的五果之一，在我国各地广泛种植。桃的常用贮藏温度为 0~1℃。挑选桃时，应选择个大饱满、表面茸毛均匀、无暗斑、表皮无伤、色泽均匀、果梗凹槽深的桃。

食部：**89%**

水分：**88.9%**

蛋白质：**0.6 g**

脂肪：**0.1 g**

碳水化合物：**10.1 g**

不溶性膳食纤维：**1 g**

灰分：**0.4 g**

维生素 A：**2 μg**

胡萝卜素：**20 μg**

维生素 B_1：**0.01 mg**

维生素 B_2：**0.02 mg**

维生素 B_3：**0.3 mg**

维生素 C：**10 mg**

维生素 E：**0.71 mg**

古法主治

便秘、口渴、痛经、虚劳喘咳。

消积、活血、生津、润肠。

性味归经

味甘、酸，性温，归肺、大肠经。

钙：**6 mg**

磷：**11 mg**

钾：**127 mg**

钠：**1.7 mg**

镁：**8 mg**

铁：**0.3 mg**

锌：**0.14 mg**

硒：**0.47 μg**

铜：**0.06 mg**

锰：**0.07 mg**

樱桃 核果类

🔥 能量：**194 kJ**

🏃 跑步时长：**5.16 min**

樱桃原产于热带美洲西印度群岛加勒比海地区。樱桃的常用贮藏温度为 0~1℃。品质好的樱桃颜色为深红或者偏暗红，表皮稍硬无褶皱、发亮，果梗为绿色。

食部：80%
水分：88%

蛋白质：1.1 g
脂肪：0.2 g
碳水化合物：10.2 g
不溶性膳食纤维：0.3 g
灰分：0.5 g

维生素 A：18 μg
胡萝卜素：210 μg
维生素 B_1：0.02 mg
维生素 B_2：0.02 mg
维生素 B_3：0.6 mg
维生素 C：10 mg
维生素 E：2.22 mg

性味归经

味甘，性热，归肺、脾经。

补中益气、祛风胜湿、治水谷痢、止泄精。

古法主治

病后体虚气弱、倦怠食少、咽干口渴及四肢不仁、关节屈伸不利。

钙：11 mg
磷：27 mg
钾：232 mg
钠：8 mg
镁：12 mg
铁：0.4 mg
锌：0.23 mg
硒：0.21 μg
铜：0.1 mg
锰：0.07 mg

 **枣** 核果类

 能量：**524 kJ**

跑步时长：**13.94 min**

枣原产于中国，在我国各地均广泛种植。枣的常用贮藏温度为 –2~–1℃，挑选枣时，应选取皮色呈紫红或深红、颗粒大小均匀、果形短壮圆整、皱纹少的枣。

食部：87%

水分：67.4%

蛋白质：1.1 g

脂肪：0.3 g

碳水化合物：30.5 g

不溶性膳食纤维：1.9 g

灰分：0.7 g

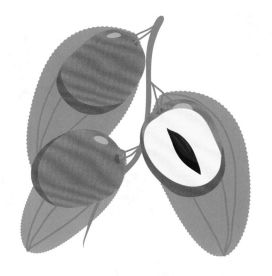

维生素 A：20 µg

胡萝卜素：240 µg

维生素 B_1：0.06 mg

维生素 B_2：0.09 mg

维生素 B_3：0.9 mg

维生素 C：243 mg

维生素 E：0.78 mg

性味归经

味甘、辛，性热，归脾、胃经。

养血安神、补脾益气。

古法主治

脾胃虚弱、血虚萎黄、血小板缺少等症。

钙：22 mg

磷：23 mg

钾：375 mg

钠：1.2 mg

镁：25 mg

铁：1.2 mg

锌：1.52 mg

硒：0.8 µg

铜：0.06 mg

锰：0.32 mg

葡萄 浆果类

能量: 185 kJ

跑步时长: 4.92 min

葡萄原产于亚洲西部，目前在我国各地均有栽培。葡萄的常用贮藏温度为 -1~0℃。挑选葡萄时，应挑选颜色较深、颗粒饱满、软硬度适中、表面光滑有果霜的葡萄。

食部: 86%
水分: 88.5%

蛋白质: 0.4 g
脂肪: 0.3 g
碳水化合物: 10.3 g
不溶性膳食纤维: 1 g
灰分: 0.3 g

维生素 A: 3 μg
胡萝卜素: 40 μg
维生素 B_1: 0.03 mg
维生素 B_2: 0.02 mg
维生素 B_3: 0.25 mg
维生素 C: 4 mg
维生素 E: 0.86 mg

钙: 9 mg
磷: 13 mg
钾: 127 mg
钠: 1.9 mg
镁: 7 mg
铁: 0.4 mg
锌: 0.16 mg
硒: 0.11 μg
铜: 0.18 mg
锰: 0.04 mg

古法主治

津少口渴、腰膝酸软、小便淋涩、浮肿尿少、小便不利等。

性味归经

味甘，性温，归肝、膀胱经。

除烦止渴、热淋涩痛、胎上冲心。

石榴 浆果类

能量：**304 kJ**

跑步时长：**8.09 min**

石榴原产于巴尔干半岛至伊朗及其邻近地区，目前在我国各地均有栽培。石榴的常用贮藏温度为1~2℃。挑选石榴时，应挑选形状饱满，果皮与果肉紧密相连，颜色呈黄白色、米黄色或红色，且完整无裂口的果实。

食部：**57%**
水分：**79.2%**

蛋白质：**1.3 g**
脂肪：**0.2 g**
碳水化合物：**18.5 g**
不溶性膳食纤维：**4.9 g**
灰分：**0.6 g**

维生素 B_1：**0.05 mg**
维生素 B_2：**0.03 mg**
维生素 C：**8 mg**
维生素 E：**3.72 mg**

钙：**6 mg**
磷：**70 mg**
钾：**231 mg**
钠：**0.7 mg**
镁：**16 mg**
铁：**0.2 mg**
锌：**0.19 mg**
铜：**0.15 mg**
锰：**0.17 mg**

性味归经

味甘、酸、涩，性温，归肺、肾、大肠经。

生津止渴、收敛固涩、止泻止血。

古法主治

津亏口燥咽干、烦渴、久泻、便血、崩漏等。

桑葚 浆果类

能量：**240 kJ**

跑步时长：**6.38 min**

桑葚原产于中国，目前在我国各地均广泛种植。桑葚的常用贮藏温度为 0 ℃。挑选桑葚时，一般挑选表面饱满丰盈、有弹性，果柄新鲜，颜色呈紫黑色或火红色的桑葚。

食部：**100%**

水分：**82.8%**

蛋白质：**1.7 g**

脂肪：**0.4 g**

碳水化合物：**13.8 g**

不溶性膳食纤维：**4.1 g**

灰分：**1.3 g**

维生素 A：**3 μg**

胡萝卜素：**30 μg**

维生素 B_1：**0.02 mg**

维生素 B_2：**0.06 mg**

维生素 E：**9.87 mg**

钙：**37 mg**

磷：**33 mg**

钾：**32 mg**

钠：**2 mg**

铁：**0.4 mg**

锌：**0.26 mg**

硒：**5.65 μg**

铜：**0.07 mg**

锰：**0.28 mg**

古法主治

肝肾阴虚质头晕耳鸣，目睛昏花，失眠多梦，须发早白；津伤口渴，内热消渴及肠燥便秘等。

性味归经

味甘、酸，性寒，归心、肝、肾经。

滋阴补血，生津润肠。

草莓 浆果类

🔥 能量：**134 kJ**

🏃 跑步时长：**3.56 min**

草莓原产于南美，目前在我国各地均广泛分布。草莓的常用贮藏温度为0~0.5℃。挑选草莓时，一般选形状正常，个头不过于大，外表无损伤，内部饱满没有空腔，且表面的籽是白色的草莓。

食部：97%
水分：91.3%

蛋白质：1 g
脂肪：0.2 g
碳水化合物：7.1 g
不溶性膳食纤维：1.1 g
灰分：0.4 g

维生素 A：3 μg
胡萝卜素：30 μg
维生素 B_1：0.02 mg
维生素 B_2：0.03 mg
维生素 B_3：0.3 mg
维生素 C：47 mg
维生素 E：0.71 mg

钙：18 mg
磷：27 mg
钾：131 mg
钠：4.2 mg
镁：12 mg
铁：1.8 mg
锌：0.14 mg
硒：0.70 μg
铜：0.04 mg
锰：0.49 mg

古法主治

肺燥干咳、津少口渴、食欲不振、牙龈出血。

性味归经

味甘、酸，性凉，归肺、胃经。

润肺生津、健胃和中、凉血清热。

猕猴桃 浆果类

能量：**257 kJ**

跑步时长：**6.84 min**

猕猴桃原产于中国，目前在我国的主要产地有陕西、河南、四川等省。猕猴桃的常用贮藏温度为 0~1℃。优质的猕猴桃果形规则，多呈椭圆形，表面光滑无皱，果脐小而圆并且向内收缩，果皮富有光泽，且呈均匀的黄褐色，果毛细而不易脱落。

食部：83%
水分：83.4%

蛋白质：**0.8 g**
脂肪：**0.6 g**
碳水化合物：**14.5 g**
不溶性膳食纤维：**2.6 g**
灰分：**0.7 g**

维生素 A：**11 μg**
胡萝卜素：**130 μg**
维生素 B_1：**0.05 mg**
维生素 B_2：**0.02 mg**
维生素 B_3：**0.3 mg**
维生素 C：**62 mg**
维生素 E：**2.43 mg**

钙：**27 mg**
磷：**26 mg**
钾：**144 mg**
钠：**10 mg**
镁：**12 mg**
铁：**1.2 mg**
锌：**0.57 mg**
硒：**0.28 μg**
铜：**1.87 mg**
锰：**0.73 mg**

性味归经
味甘、酸，性寒，归膀胱经。

古法主治
止暴渴、解烦热、通淋排食。烦热口渴、热淋、石淋、小便涩痛。

柿子 浆果类

能量：**308 kJ**
跑步时长：**8.19 min**

柿子原产于中国，目前在我国各地均广泛种植。柿子的常用贮藏温度为 –1~0℃。挑选柿子时，应选择表皮光滑且果粉多，外部没有凹陷、压伤、褐斑、裂隙的柿子。

食部：87%
水分：80.6%

蛋白质：0.4 g
脂肪：0.1 g
碳水化合物：18.5 g
不溶性膳食纤维：1.4 g
灰分：0.4 g

维生素 A：10 µg
胡萝卜素：120 µg
维生素 B_1：0.02 mg
维生素 B_2：0.02 mg
维生素 B_3：0.3 mg
维生素 C：30 mg
维生素 E：1.12 mg

钙：9 mg
磷：23 mg
钾：151 mg
钠：0.8 mg
镁：19 mg
铁：0.2 mg
锌：0.08 mg
硒：0.24 µg
铜：0.06 mg
锰：0.5 mg

性味归经
味甘、涩，性寒，归肺、脾经。

古法主治
涩肠、止血、和胃。
肺燥久咳、热病口干。

无花果 浆果类

能量：**272 kJ**
跑步时长：**7.23 min**

无花果原产于地中海沿岸，目前在我国种植较为广泛。无花果的常用贮藏温度为 −0.5~0℃。挑选无花果时，一般选择外表丰满、无瑕疵，果实上裂纹多，尾部口开得小，个头稍大的无花果。

食部：100%
水分：81.3%

蛋白质：1.5 g
脂肪：0.1 g
碳水化合物：16 g
不溶性膳食纤维：3 g
灰分：1.1 g

维生素 A：3 μg
胡萝卜素：30 μg
维生素 B_1：0.03 mg
维生素 B_2：0.02 mg
维生素 B_3：0.1 mg
维生素 C：2 mg
维生素 E：1.82 mg

钙：67 mg
磷：18 mg
钾：212 mg
钠：5.5 mg
镁：17 mg
铁：0.1 mg
锌：1.42 mg
硒：0.67 μg
铜：0.01 mg
锰：0.17 mg

性味归经

味甘，性平，归肺、脾、大肠经。

古法主治

补脾益胃、润肠通便、润肺利咽。

开胃、泻痢、五痔、咽喉痛。

金橘 柑橘类

能量：**242 kJ**

跑步时长：**6.44 min**

金橘在中国南方各地均有栽种。金橘的常用贮藏温度为 3~5℃。挑选金橘时，应选择橘皮呈金黄色或橘黄色，且表面光泽亮丽，透过橘皮能闻见清香味道，而且用手轻捏表皮会冒少许油的金橘。

食部：**89%**
水分：**84.7%**

蛋白质：**1.0 g**
脂肪：**0.2 g**
碳水化合物：**13.7 g**
不溶性膳食纤维：**1.4 g**
灰分：**0.4 g**

维生素 A：**31 μg**
胡萝卜素：**370 μg**
维生素 B_1：**0.04 mg**
维生素 B_2：**0.03 mg**
维生素 B_3：**0.3 mg**
维生素 C：**35 mg**
维生素 E：**1.58 mg**

钙：**56 mg**
磷：**20 mg**
钾：**144 mg**
钠：**3 mg**
镁：**20 mg**
铁：**1.0 mg**
锌：**0.21 mg**
硒：**0.62 μg**
铜：**0.07 mg**
锰：**0.25 mg**

性味归经

味甘、酸，性温，归肺、脾、胃经。

理气解郁、化痰止咳、消食、醒酒。

古法主治

气滞胸闷不舒、脘腹作胀，痰多咳嗽、强化毛细血管，预防中风。

橙 柑橘类

🔥 能量：**202 kJ**

🏃 跑步时长：**5.37 min**

橙在我国甘肃南部、陕西南部、湖北、湖南、江苏、江西、贵州、广西及云南东北部的高山地区均有种植。橙的常用贮藏温度为 3~5℃。挑选橙时，一般选择表皮呈闪亮色泽的橘色或深黄色、气味清香、个头中等的橙。

食部：74%

水分：87.4%

蛋白质：0.8 g

脂肪：0.2 g

碳水化合物：11.1 g

不溶性膳食纤维：0.6 g

灰分：0.5 g

维生素 A：13 μg

胡萝卜素：160 μg

维生素 B₁：0.05 mg

维生素 B₂：0.04 mg

维生素 B₃：0.3 mg

维生素 C：33 mg

维生素 E：0.56 mg

性味归经

味酸、甘，性寒，归胃、肺经。

古法主治

疏肝理气、生津止渴。津少口渴、舌干咽燥、肝郁胁痛，解鱼、蟹毒。

钙：20 mg

磷：22 mg

钾：159 mg

钠：1.2 mg

镁：14 mg

铁：0.4 mg

锌：0.14 mg

硒：0.31 μg

铜：0.03 mg

锰：0.05 mg

柠檬 柑橘类

能量: **156 kJ**

跑步时长: **4.15 min**

柠檬原产于东南亚,目前在我国各地均广泛分布。柠檬的常用贮藏温度为12~14℃。优质的柠檬个头中等,果形椭圆,两端均突起而稍尖似橄榄球状,成熟者皮色鲜黄、具有浓郁的香气。

食部: **66%**
水分: **91%**

蛋白质: **1.1 g**
脂肪: **1.2 g**
碳水化合物: **6.2 g**
不溶性膳食纤维: **1.3 g**
灰分: **0.5 g**

维生素 B_1: **0.05 mg**
维生素 B_2: **0.02 mg**
维生素 B_3: **0.6 mg**
维生素 C: **22 mg**
维生素 E: **1.14 mg**

钙: **101 mg**
磷: **22 mg**
钾: **209 mg**
钠: **1.1 mg**
镁: **37 mg**
铁: **0.8 mg**
锌: **0.65 mg**
硒: **0.50 μg**
铜: **0.14 mg**
锰: **0.05 mg**

古法主治

中暑烦渴、食欲不振,怀孕妇女胃气不和、呕吐少食等。

性味归经

味酸,性温,归胃经。

止痰止咳、生津、健脾、安胎。

19

柑橘 柑橘类

🔥 能量：**174 kJ**

🏃 跑步时长：**4.63 min**

柑橘在我国浙江、福建、湖南、四川、广西、湖北等地均广泛种植。柑橘的常用贮藏温度为3~4℃。挑选柑橘时，应选取个头中等，颜色均匀偏红、无斑点、果皮油胞发亮有光泽，果蒂青绿，软硬适中的柑橘。

食部：78%
水分：89.1%

蛋白质：0.7 g
脂肪：0.1 g
碳水化合物：9.8 g
不溶性膳食纤维：0.7 g
灰分：0.3 g

维生素 A：15 μg
胡萝卜素：180 μg
维生素 B_1：0.24 mg
维生素 B_2：0.04 mg
维生素 B_3：0.3 mg
维生素 C：33 mg
维生素 E：0.27 mg

钙：42 mg
磷：25 mg
钾：105 mg
钠：1.7 mg
镁：4 mg
铁：0.5 mg
锌：0.17 mg
硒：0.1 μg
铜：0.04 mg

古法主治
呕逆食少、口渴烦热、食积气滞。

性味归经
味甘、酸，性温，归肺、胃经。止消渴、开胃、除胸中膈气。

20

芦柑 柑橘类

🔥 能量：**185 kJ**

🏃 跑步时长：**4.92 min**

　　芦柑又名柑果，原产于中国，目前在我国福建漳州、永春，浙江衢县和台湾省广泛种植。芦柑的常用贮藏温度为 5~6℃。挑选芦柑时，应选择外皮颜色呈橘色或深黄色，透过外皮能闻见阵阵清香，用手轻捏表皮会冒一些油出来的芦柑。

食部：77%

水分：88.5%

蛋白质：0.6 g

脂肪：0.2 g

碳水化合物：10.3 g

不溶性膳食纤维：0.6 g

灰分：0.4 g

维生素 A：43 μg

胡萝卜素：520 μg

维生素 B$_1$：0.02 mg

维生素 B$_2$：0.03 mg

维生素 B$_3$：0.2 mg

维生素 C：19 mg

钙：45 mg

磷：25 mg

钾：54 mg

镁：45 mg

铁：1.3 mg

锌：0.10 mg

硒：0.07 μg

铜：0.10 mg

锰：0.03 mg

古法主治

功能调中、化痰、下气、醒酒。

清热肠胃中热毒，解丹石毒气，止暴渴，通利小便。

性味归经

味甘，性大寒，归肺、胃经。

柚子 柑橘类

能量：**177 kJ**

跑步时长：**4.71 min**

　　柚子在我国福建、江西、湖南、广东、广西等地均有种植。柚子的常用贮藏温度为 7~8 ℃。挑选柚子时，应挑选果形上尖下宽，外形匀称，外皮颜色呈黄色，气味芳香浓郁。同样个头的，要挑选手感重的柚子。

食部：**69%**
水分：**89%**

蛋白质：**0.8 g**
脂肪：**0.2 g**
碳水化合物：**9.5 g**
不溶性膳食纤维：**0.4 g**
灰分：**0.5 g**

维生素 A：**1 µg**
胡萝卜素：**10 µg**
维生素 B$_2$：**0.03 mg**
维生素 B$_3$：**0.3 mg**
维生素 C：**23 mg**

钙：**4 mg**
磷：**24 mg**
钾：**119 mg**
钠：**3.0 mg**
镁：**4 mg**
铁：**0.3 mg**
锌：**0.40 mg**
硒：**0.70 µg**
铜：**0.18 mg**
锰：**0.08 mg**

性味归经

味酸，性寒，归胃经。

古法主治

化食消积、解酒毒，和胃理气、化痰。

肠胃中恶气，孕妇口淡不思饮食，饮酒人的口气。

枇杷

热带、亚热带水果

能量：**170 kJ**

跑步时长：**4.52 min**

枇杷，又名芦橘、金丸、芦枝，目前在我国各地均广泛分布。枇杷的常用贮藏温度为 7~9℃，一般存放在干燥通风的地方。新鲜的枇杷，一般果实外形匀称，大小适中，表皮茸毛完整，果色匀称一致。

食部：**62%**

水分：**89.3%**

蛋白质：**0.8 g**

脂肪：**0.2 g**

碳水化合物：**9.3 g**

不溶性膳食纤维：**0.8 g**

灰分：**0.4 g**

维生素 B_1：**0.01 mg**

维生素 B_2：**0.03 mg**

维生素 B_3：**0.3 mg**

维生素 C：**8 mg**

维生素 E：**0.24 mg**

钙：**17 mg**

磷：**8 mg**

钾：**122 mg**

钠：**4.0 mg**

镁：**10 mg**

铁：**1.1 mg**

锌：**0.21 mg**

硒：**0.72 μg**

铜：**0.06 mg**

锰：**0.34 mg**

性味归经

味甘、酸，性平，归肺、胃经。

止渴下气、宣利肺气、止吐逆、主清上焦热、润五脏

古法主治

肺热咳嗽、胃热口干、呕吐食少。

杨梅

热带、亚热带水果

🔥 能量: **125 kJ**

🏃 跑步时长: **3.32 min**

杨梅原产于中国浙江余姚,目前在我国各地广泛分布。杨梅的常用贮藏温度为1~3℃。新鲜的杨梅,一般果实表面干燥,颜色鲜红,软硬度适中,且气味清香。

食部: **82%**
水分: **92%**

蛋白质: **0.8 g**
脂肪: **0.2 g**
碳水化合物: **6.7 g**
不溶性膳食纤维: **1.0 g**
灰分: **0.3 g**

维生素 A: **3 μg**
胡萝卜素: **40 μg**
维生素 B$_1$: **0.01 mg**
维生素 B$_2$: **0.05 mg**
维生素 B$_3$: **0.3 mg**
维生素 C: **9 mg**
维生素 E: **0.81 mg**

钙: **14 mg**
磷: **8 mg**
钾: **149 mg**
钠: **0.7 mg**
镁: **10 mg**
铁: **1.0 mg**
锌: **0.14 mg**
硒: **0.31 μg**
铜: **0.02 mg**
锰: **0.72 mg**

古法主治

津少口渴、食积腹胀、吐泻腹痛。

性味归经

味甘、酸,性温,归胃经。止渴、和五脏、能涤肠胃、除恶气。

火龙果

热带、亚热带水果

🔥 能量：**234 kJ**

🏃 跑步时长：**6.22 min**

火龙果又名红龙果、龙珠果、仙蜜果、玉龙果，原产于中美洲热带。挑选火龙果时，火龙果较重，说明汁多、果肉丰满，果皮红色的地方越红、绿色的部分越绿说明越新鲜。

食部：**69%**
水分：**84.8%**

蛋白质：**1.1 g**
脂肪：**0.2 g**
碳水化合物：**13.3 g**
不溶性膳食纤维：**1.6 g**
灰分：**0.6 g**

维生素 B_1：**0.03 mg**
维生素 B_2：**0.02 mg**
维生素 B_3：**0.22 mg**
维生素 C：**3 mg**
维生素 E：**0.14 mg**

钙：**7 mg**
磷：**35 mg**
钾：**20 mg**
钠：**2.7 mg**
镁：**30 mg**
铁：**0.3 mg**
锌：**0.29 mg**
硒：**0.03 μg**
铜：**0.04 mg**
锰：**0.19 mg**

古法主治

润肠滑肠、减肥美肤、降低胆固醇。

性味归经

味甘、酸，性寒，归胃、大肠经。润肠通便、促进大肠及胃的消化。

杨桃

热带、亚热带水果

🔥 能量：**131 kJ**

🏃 跑步时长：**3.48 min**

杨桃又名阳桃、五敛子、洋桃、三廉子等，原产于马来西亚、印度尼西亚，广泛种植于热带各地区，目前在我国广东、广西、福建、台湾、云南有栽培。杨桃的常用贮藏温度为 5.5~6.5℃。新鲜的杨桃，一般果皮光滑，没有伤痕裂口，个头中小，手感偏硬，颜色鲜绿。

食部：**88%**

水分：**91.4%**

蛋白质：**0.6 g**

脂肪：**0.2 g**

碳水化合物：**7.4 g**

不溶性膳食纤维：**1.2 g**

灰分：**0.4 g**

维生素 A：**2 µg**

胡萝卜素：**20 µg**

维生素 B₁：**0.02 mg**

维生素 B₂：**0.03 mg**

维生素 B₃：**0.7 mg**

维生素 C：**7 mg**

钙：**4 mg**

磷：**18 mg**

钾：**128 mg**

钠：**1.4 mg**

镁：**10 mg**

铁：**0.4 mg**

锌：**0.39 mg**

硒：**0.83 µg**

铜：**0.04 mg**

锰：**0.36 mg**

古法主治

热病烦渴、口舌糜烂、咽喉肿痛、疟母痞块。

性味归经

味甘、酸，性寒，归脾、膀胱、肺经。生津止渴、利水解毒、清热。

橄榄

热带、亚热带水果

能量：**240 kJ**

跑步时长：**6.38 min**

　　橄榄分布于我国的南方和日本等地。橄榄的常用贮藏温度为 5~10℃。新鲜的橄榄一般果实都比较饱满，果皮呈鲜绿色，气味清香。

食部：80%

水分：83.1%

蛋白质：0.8 g

脂肪：0.2 g

碳水化合物：15.1 g

不溶性膳食纤维：4.0 g

灰分：0.8 g

维生素 A：11 µg

胡萝卜素：130 µg

维生素 B_1：0.01 mg

维生素 B_2：0.01 mg

维生素 B_3：0.7 mg

维生素 C：3 mg

钙：49 mg

磷：18 mg

钾：23 mg

镁：10 mg

铁：0.2 mg

锌：0.25 mg

硒：0.35 µg

锰：0.48 mg

性味归经

味甘、酸、涩，性温，归肺、胃经。

清肺利咽、生津止渴、开胃下气。

古法主治

出生胎毒、唇裂生疮、醉酒，解河豚毒。

椰子

热带、亚热带水果

🔥 能量：**1 007 kJ**

🏃 跑步时长：**26.78 min**

椰子原产于亚洲东南部、印度尼西亚至太平洋群岛。椰子的常用贮藏温度为 0~1℃。新鲜的椰子外皮青且薄，用手摇一摇，如果水的声音比较响，说明汁液较多。椰肉多的大多手感较重，椰汁多的大多手感较轻。

食部：33%

水分：51.8%

蛋白质：4.0 g

脂肪：12.1 g

碳水化合物：31.3 g

不溶性膳食纤维：4.7 g

灰分：0.8 g

维生素 B_1：0.01 mg

维生素 B_2：0.01 mg

维生素 B_3：0.5 mg

维生素 C：6 mg

钙：2 mg

磷：90 mg

钾：475 mg

钠：55.6 mg

镁：65 mg

铁：1.8 mg

锌：0.92 mg

铜：0.19 mg

锰：0.06 mg

性味归经

味甘，性温，归大肠、膀胱经。

生津、利水。

古法主治

止消渴、祛风热。

榴莲

热带、亚热带水果

🔥 能量：**632 kJ**

🏃 跑步时长：**16.81 min**

榴莲原产于文莱、印度尼西亚和马来西亚，目前在我国广东、海南有栽培。挑选榴莲时，应选择颜色为暗黄色、个头大、外表像狼牙棒的。同样大小的榴莲，应选择重量轻的。

食部：37%

水分：64.5%

蛋白质：2.6 g

脂肪：3.3 g

碳水化合物：28.3 g

不溶性膳食纤维：1.7 g

灰分：1.3 g

维生素 A：2 µg

胡萝卜素：20 µg

维生素 B_1：0.2 mg

维生素 B_2：0.13 mg

维生素 B_3：1.19 mg

维生素 C：2.8 mg

维生素 E：2.28 mg

钙：4 mg

磷：38 mg

钾：261 mg

钠：2.9 mg

镁：27 mg

铁：0.3 mg

锌：0.16 mg

硒：3.26 µg

铜：0.12 mg

锰：0.22 mg

性味归经

味甘、淡，性温，入肝、肾、肺经。

滋阴强壮、疏风清热、利胆退黄、杀虫止痒。

古法主治

须发早白、衰老、风热、黄疸、疥癣、皮肤瘙痒等。

荔枝

热带、亚热带水果

🔥 能量：**296 kJ**

🏃 跑步时长：**7.87 min**

荔枝在我国西南部、南部和东南部均有分布。荔枝的常用贮藏温度为 3~5℃。挑选荔枝时，应挑选表皮为深红色带有些许绿色，柄部没有小洞和蛀虫，外壳紧硬且有弹性，气味清香、个头大、外形匀称的荔枝。

食部：73%

水分：81.9%

蛋白质：0.9 g

脂肪：0.2 g

碳水化合物：16.6 g

不溶性膳食纤维：0.5 g

灰分：0.4 g

维生素 A：1 μg

胡萝卜素：10 μg

维生素 B_1：0.10 mg

维生素 B_2：0.04 mg

维生素 B_3：1.1 mg

维生素 C：41 mg

钙：2 mg

磷：24 mg

钾：151 mg

钠：1.7 mg

镁：12 mg

铁：0.4 mg

锌：0.17 mg

硒：0.14 μg

铜：0.16 mg

锰：0.09 mg

古法主治

痘疮不发、疔疮恶肿、风牙疼痛、呃逆不止。

性味归经

味甘、酸，性热，归心、脾、肝经。

理气补血、温中止痛、养心安神、补脾益肝。

山竹

热带、亚热带水果

能量：**307 kJ**

跑步时长：**8.16 min**

　　山竹原产于马鲁古，为著名的热带水果，在亚洲和非洲热带地区广泛栽培，目前在我国台湾、福建、广东和云南也有种植。山竹的常用贮藏温度为 2~8℃。新鲜的山竹，色泽鲜艳，外壳硬而有弹性，大小适中，外形均匀，分量重。

食部：**25%**

水分：**81.2%**

蛋白质：**0.4 g**

脂肪：**0.2 g**

碳水化合物：**18.0 g**

不溶性膳食纤维：**0.4 g**

灰分：**0.2 g**

维生素 B$_1$：**0.08 mg**

维生素 B$_2$：**0.02 mg**

维生素 B$_3$：**0.3 mg**

维生素 C：**1.2 mg**

维生素 E：**0.36 mg**

钙：**11 mg**

磷：**9 mg**

钾：**48 mg**

钠：**3.8 mg**

镁：**19 mg**

铁：**0.3 mg**

锌：**0.06 mg**

硒：**0.54 μg**

铜：**0.03 mg**

锰：**0.1 mg**

性味归经

味甘、酸，性寒，归脾、大肠经。

清凉解热、健脾运气、活血补血。

古法主治

脾胃湿困、食欲不振、食后痞满。

杧果

热带、亚热带水果

能量：**146 kJ**

跑步时长：**3.88 min**

　　杧果是著名热带水果之一，在我国云南、广西、广东、福建、台湾等地均有种植。杧果的常用贮藏温度为12~13℃。挑选杧果时，根据品种的不同应选择金黄色或红色，外皮完好，硬度适中，气味清香，手感较重的杧果。

食部：**60%**
水分：**90.6%**

蛋白质：**0.6 g**
脂肪：**0.2 g**
碳水化合物：**8.3 g**
不溶性膳食纤维：**1.3 g**
灰分：**0.3 g**

维生素 A：**75 μg**
胡萝卜素：**897 μg**
维生素 B_1：**0.01 mg**
维生素 B_2：**0.04 mg**
维生素 B_3：**0.3 mg**
维生素 C：**23 mg**
维生素 E：**1.21mg**

磷：**11 mg**
钾：**138 mg**
钠：**2.8 mg**
镁：**14 mg**
铁：**0.2 mg**
锌：**0.09 mg**
硒：**1.44 μg**
铜：**0.06 mg**
锰：**0.20 mg**

性味归经

味甘、酸，性寒，归胃、膀胱经。

健胃生津、止呕止渴、通经利尿。

古法主治

烦热口渴、消化不良、小便不利。

菠萝

热带、亚热带水果

能量：**182 kJ**

跑步时长：**4.84 min**

菠萝又名凤梨，原产于美洲热带地区，目前在我国福建、广东、海南、广西、云南等地均有栽培。菠萝的常用贮藏温度为 8~10℃。挑选菠萝时，应挑选形状为圆形或者两头尖中间圆，果皮颜色呈黄色的菠萝。

食部：68%

水分：88.4%

蛋白质：0.5 g

脂肪：0.1 g

碳水化合物：10.8 g

不溶性膳食纤维：1.3 g

灰分：0.2 g

维生素 A：2 µg

胡萝卜素：20 µg

维生素 B_1：0.04 mg

维生素 B_2：0.02 mg

维生素 B_3：0.2 mg

维生素 C：18 mg

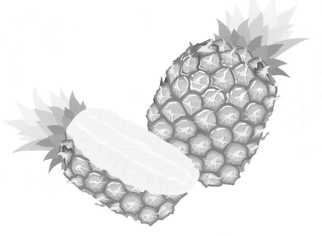

钙：12 mg

磷：9 mg

钾：113 mg

钠：0.8 mg

镁：8 mg

铁：0.6 mg

锌：0.14 mg

硒：0.24 µg

铜：0.07 mg

锰：1.04 mg

性味归经

味甘、酸，性平，归肺、胃经。

清理肠胃、利尿消肿、生津止渴。

古法主治

消化不良、小便不利、头晕眼花、身热烦渴。

33

香蕉

热带、亚热带水果

🔥 能量：**389 kJ**

🏃 跑步时长：**10.35 min**

香蕉在我国台湾、海南、广东、广西等地均有栽培。香蕉的常用贮藏温度为 13~16℃。挑选香蕉时，应挑选果形端正，单果香蕉体弯曲，排列成梳状，梳柄完整，色泽新鲜光亮，果皮呈鲜黄或青黄色，果面光滑，无病斑、无虫疤、无霉菌、无创伤的香蕉。

食部：59%

水分：75.8%

蛋白质：1.4 g

脂肪：0.2 g

碳水化合物：22.0 g

不溶性膳食纤维：1.2 g

灰分：0.6 g

维生素 A：5 μg

胡萝卜素：60 μg

维生素 B_1：0.02 mg

维生素 B_2：0.04 mg

维生素 B_3：0.7 mg

维生素 C：8 mg

维生素 E：0.24 mg

钙：7 mg

磷：28 mg

钾：256 mg

钠：0.8 mg

镁：43 mg

铁：0.4 mg

锌：0.18 mg

硒：0.87 μg

铜：0.14 mg

锰：0.65 mg

古法主治

热性便秘、痔疮出血、烦渴咳嗽、高血压。

性味归经

味甘，性寒，归肺、大肠经。

清热、润肠润肺、解毒、降压。

龙眼

热带、亚热带水果

能量：**298 kJ**

跑步时长：**7.93 min**

龙眼又名桂圆，原产于中国，目前在我国广东、广西、福建和台湾等地均有种植。龙眼的常用贮藏温度为3~6℃。挑选龙眼时，应选择果皮无斑点、干净整洁，果实饱满，手感稍硬的龙眼。

食部：50%
水分：81.4%

蛋白质：1.2 g
脂肪：0.1 g
碳水化合物：16.6 g
不溶性膳食纤维：0.4 g
灰分：0.7 g

维生素 A：2 μg
胡萝卜素：20 μg
维生素 B_1：0.01 mg
维生素 B_2：0.14 mg
维生素 B_3：1.3 mg
维生素 C：43 mg

钙：6 mg
磷：30 mg
钾：248 mg
钠：3.9 mg
镁：10 mg
铁：0.2 mg
锌：0.40 mg
硒：0.83 μg
铜：0.10 mg
锰：0.07 mg

性味归经
味甘，性平，归心、脾经。
开胃益脾、补虚长智力。

古法主治
脾胃虚弱、食欲不振、体虚乏力、失眠健忘等。

番木瓜

热带、亚热带水果

🔥 能量：**128 kJ**

🏃 跑步时长：**3.40 min**

番木瓜在我国广东、广西、福建、云南、台湾等地广泛分布。番木瓜的常用贮藏温度为 10~15℃。挑选番木瓜时，要选瓜肚大、瓜蒂新鲜、瓜身光滑、没有磕碰痕迹的番木瓜。

食部：**89%**
水分：**91.7%**

蛋白质：**0.6 g**
碳水化合物：**7.2 g**
不溶性膳食纤维：**0.5 g**
灰分：**0.5 g**

维生素 B_1：**0.01 mg**
维生素 B_2：**0.02 mg**
维生素 B_3：**1.3 mg**
维生素 C：**31 mg**

钙：**22 mg**
磷：**11 mg**
钾：**182 mg**
钠：**10.4 mg**
镁：**17 mg**
铁：**0.6 mg**
锌：**0.12 mg**
硒：**0.37 μg**
铜：**0.03 mg**
锰：**0.05 mg**

性味归经

味甘、酸，性温，归肝、脾经。

古法主治

止吐血奔豚、止寒热痢疾，去湿和胃、滋肺益肺。

水肿、心腹痛、腹胀、频发干噫、心下痞。

西瓜 瓜果类

🔥 能量：**108 kJ**

🏃 跑步时长：**2.87 min**

　　西瓜在我国各地广泛种植，西瓜多数常用贮藏温度为10~14℃。挑选西瓜时，应挑选头尾两端匀称，四周饱满，表面光滑，纹路明显，底面发黄，瓜柄绿色，用手指弹瓜能听到"嘭嘭"声的西瓜。

食部：**59%**
水分：**92.3%**

蛋白质：**0.5 g**
脂肪：**0.3 g**
碳水化合物：**6.8 g**
不溶性膳食纤维：**0.2 g**
灰分：**0.2 g**

维生素 A：**14 μg**
胡萝卜素：**173 μg**
维生素 B_1：**0.02 mg**
维生素 B_2：**0.04mg**
维生素 B_3：**0.3 mg**
维生素 C：**5.7mg**
维生素 E：**0.11 mg**

钙：**7 mg**
磷：**12 mg**
钾：**97 mg**
钠：**3.3 mg**
镁：**14 mg**
铁：**0.4 mg**
锌：**0.09 mg**
硒：**0.09 μg**
铜：**0.03 mg**
锰：**0.03 mg**

古法主治
胸膈气壅、满闷不舒、小便不利、口鼻生疮、解暑热。

性味归经
味甘，性寒，归心、胃、膀胱经。
消烦止渴、宽中下气、利小便、治血痢、解酒毒。

甜瓜 瓜果类

🔥 能量：**111 kJ**

🏃 跑步时长：**2.95 min**

甜瓜又名甘瓜、香瓜，在我国各地均广泛种植。甜瓜的常用贮藏温度为 7~10℃。挑选甜瓜时，应挑选绿色的并且无刮痕印迹，果蒂呈绿色，气味清香的甜瓜。

食部：**78%**

水分：**92.9%**

蛋白质：**0.4 g**

脂肪：**0.1g**

碳水化合物：**6.2 g**

不溶性膳食纤维：**0.4 g**

灰分：**0.4 g**

维生素 A：**3 μg**

胡萝卜素：**30 μg**

维生素 B_1：**0.02 mg**

维生素 B_2：**0.03 mg**

维生素 B_3：**0.3 mg**

维生素 C：**15 mg**

维生素 E：**0.47mg**

钙：**14 mg**

磷：**17 mg**

钾：**139 mg**

钠：**8.8 mg**

镁：**11 mg**

铁：**0.7 mg**

锌：**0.09 mg**

硒：**0.40 μg**

铜：**0.04 mg**

锰：**0.04 mg**

性味归经

味甘，性寒，归胃、膀胱经。

古法主治

清热解暑、通利小便。

暑热烦渴、小便不利，口鼻生疮。

甘蔗

甘蔗属，草本植物

能量：**273 kJ**

跑步时长：**7.26 min**

甘蔗的主产区在热带地区，包括巴西、印度和我国南方地区。甘蔗的常用贮藏温度为 0~1℃。味甜的甘蔗，一般粗细中等、形态直、节头少，表皮光亮有白霜、颜色黑，瓤部新鲜、质地硬。

蛋白质：0.4 g
脂肪：0.1 g
碳水化合物：16 g
不溶性膳食纤维：0.6 g
灰分：0.4 g

维生素 A：2 μg
维生素 B_1：0.01 mg
维生素 B_2：0.02 mg
维生素 B_3：0.2 mg
维生素 C：2 mg

钙：14 mg
磷：14 mg
钾：95 mg
钠：3 mg
镁：4 mg
铁：0.4 mg
锌：1 mg
硒：0.1 μg
铜：0.14 mg
锰：0.8 mg

性味归经

味甘，性平，归胃经。滋阴润燥、和胃止呕、清热解毒。

古法主治

热病伤津、咽干口渴、胃热呕吐、麻疹感冒。

薯类

马铃薯

块茎类

🔥 能量：**343 kJ**

🏃 跑步时长：**9.12 min**

马铃薯又名土豆、洋芋等，原产于南美洲安第斯山脉。菜用马铃薯的常用贮藏温度为 3.5~4.5℃，加工用马铃薯的常用贮藏温度为 10~12℃。常见的传统膳食菜肴有清炒土豆丝、土豆炖牛肉，在西方饮食中常被做成炸薯条、炸薯片等。

性味归经

味甘，性平，归胃、大肠经。和胃健中，解毒消肿。

古法主治

胃痛、疠肋、痈肿、湿疹、烫伤。

食部：**94%**

水分：**78.6%**

蛋白质：**2.6 g**

脂肪：**0.2g**

碳水化合物：**17.8 g**

不溶性膳食纤维：**1.1 g**

灰分：**0.8 g**

维生素 A：**1 μg**

胡萝卜素：**6 μg**

维生素 B₁：**0.1 mg**

维生素 B₂：**0.02 mg**

维生素 B₃：**1.1 mg**

维生素 C：**14 mg**

维生素 E：**0.34 mg**

钙：**7 mg**

磷：**46 mg**

钾：**347 mg**

钠：**5.9 mg**

镁：**24 mg**

铁：**0.4 mg**

锌：**0.30 mg**

硒：**0.47 μg**

铜：**0.09 mg**

锰：**0.10 mg**

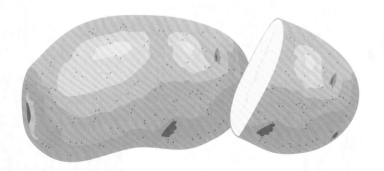

山药

块茎类

🔥 能量：**240 kJ**

🏃 跑步时长：**6.38 min**

　　山药在我国各地均有分布。山药的常用贮藏温度为 0~2℃。常见的传统膳食菜肴有蜜汁山药、黑木耳山药、清炒山药西兰花等。

食部：83%

水分：84.8%

性味归经

味甘，性平，归脾、肺、肾经。益气养阴，补脾肺肾，涩精止带。

古法主治

脾胃食少，倦怠乏力，便溏泄泻；肺虚咳喘；肾虚遗精，带下尿频，阴虚内热，消渴多饮。

蛋白质：1.9 g

脂肪：0.2 g

碳水化合物：12.4 g

不溶性膳食纤维：0.8 g

灰分：0.7 g

维生素 A：3 μg

胡萝卜素：20 μg

维生素 B$_1$：0.05 mg

维生素 B$_2$：0.02 mg

维生素 B$_3$：0.3 mg

维生素 C：5 mg

维生素 E：0.24 mg

钙：16 mg

磷：34 mg

钾：213 mg

钠：18.6 mg

镁：20 mg

铁：0.3 mg

锌：0.27 mg

硒：0.55 μg

铜：0.24 mg

锰：0.12 mg

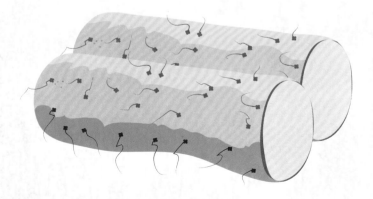

甘薯

块根类

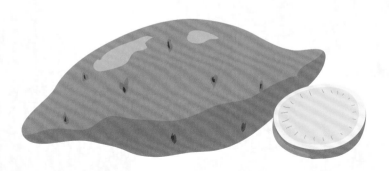

能量：**444 kJ**

跑步时长：**11.81 min**

甘薯又名红薯、地瓜，目前在我国大部分地区都有种植。甘薯的常用贮藏温度为 13~14 ℃。人们食用甘薯的方法一般为烤甘薯、蒸煮甘薯，以及做甘薯发糕等。

食部：86%

水分：72.6%

蛋白质：1.4 g

脂肪：0.2 g

碳水化合物：25.2 g

不溶性膳食纤维：1 g

灰分：0.6 g

维生素 A：18 μg

胡萝卜素：220 μg

维生素 B_1：0.07 mg

维生素 B_2：0.04 mg

维生素 B_3：0.6 mg

维生素 C：24 mg

维生素 E：0.43 mg

钙：24 mg

磷：46 mg

钾：174 mg

钠：58.2 mg

镁：17 mg

铁：0.8 mg

锌：0.22 mg

硒：0.63 μg

铜：0.16 mg

锰：0.21 mg

性味归经

味甘，性平，归脾、肾经。

补脾益气、健脾胃、宽肠通便、温肾助阳。

古法主治

肠燥便秘、脾虚水肿、疮疡肿毒。

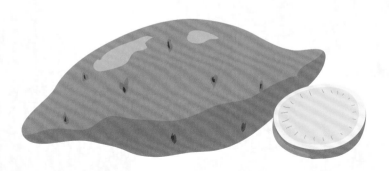

43

蔬菜类

生姜

茎菜类

食部：95%
水分：87%

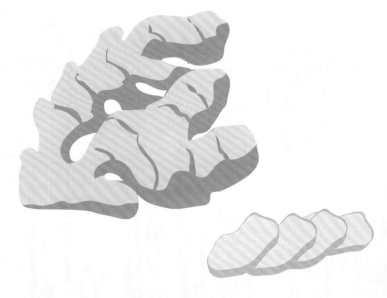

🔥 能量：**194 kJ**
🏃 跑步时长：**5.16 min**

蛋白质：1.3 g
脂肪：0.6 g
碳水化合物：10.3 g
不溶性膳食纤维：2.7 g
灰分：0.8 g

生姜目前在我国各地均广泛分布。生姜常见的贮藏方法有封闭堆藏、坑埋贮藏、泥沙埋藏和防空洞贮藏。生姜的常用贮藏温度为 13~14℃。生姜经常作为菜肴中提味的调味品，同时生姜还用于去除肉和海鲜中的腥味。

维生素 A：14 μg
胡萝卜素：170 μg
维生素 B$_1$：0.02 mg
维生素 B$_2$：0.03 mg
维生素 B$_3$：0.8 mg
维生素 C：4 mg

性味归经

味辛，性温，归肺、脾、胃经。

古法主治

解表散寒，温中止呕，温肺止咳，解毒。

风寒感冒、脾胃虚寒、食少纳呆、慢性胃炎、咳嗽多痰。

钙：27 mg
磷：25 mg
钾：295 mg
钠：14.9 mg
镁：44 mg
铁：1.4 mg
锌：0.34 mg
硒：0.56 μg
铜：0.14 mg
锰：3.20 mg

竹笋

茎菜类

食部：63%
水分：92.8%

蛋白质：2.6 g
脂肪：0.2 g
碳水化合物：3.6 g
不溶性膳食纤维：1.8 g
灰分：0.8 g

维生素 B$_1$：0.08 mg
维生素 B$_2$：0.08 mg
维生素 B$_3$：0.6 mg
维生素 C：5 mg
维生素 E：0.05 mg

钙：9 mg
磷：64 mg
钾：389 mg
钠：0.4 mg
镁：1 mg
铁：0.5 mg
锌：0.33 mg
硒：0.04 μg
铜：0.09 mg
锰：1.14 mg

能量：**96 kJ**

跑步时长：**2.55 min**

竹笋原产于热带、亚热带，喜温怕冷。竹笋的常用贮藏温度为 0~1℃。鲜笋存放时不要剥壳，否则会失去清香味，笋干放入密闭的容器内，不要让太阳直射。常见的传统膳食菜肴有竹笋炖排骨、竹笋炒三丝、凉拌竹笋等。

性味归经

味甘，性微寒，归胃、肺经。

消渴、利水道、益气化痰、利肠爽胃。

古法主治

肺热咳嗽、胸闷痰多、厌腻纳呆、二便不畅。

莴苣

茎菜类

食部：62%
水分：95.5%

 能量：**62 kJ**

跑步时长：**1.65 min**

蛋白质：1.0 g
脂肪：0.1 g
碳水化合物：2.8 g
不溶性膳食纤维：0.6 g
灰分：0.6 g

莴苣原产于地中海沿岸，目前在我国各地均有栽培。莴苣的常用贮藏温度为 0~1℃。常见的传统膳食菜肴有凉拌莴苣丝、莴苣炒肉、清炒莴苣丝等。

维生素 A：13 μg
胡萝卜素：150 μg
维生素 B_1：0.02 mg
维生素 B_2：0.02 mg
维生素 B_3：0.5 mg
维生素 C：4 mg
维生素 E：0.19 mg

性味归经
味苦、甘，性凉，归心、肠、胃经。

清心凉血、清热生津、利尿通乳。

古法主治
小便不利、消化不良、乳汁不通。

钙：23 mg
磷：48 mg
钾：212 mg
钠：36.5 mg
镁：19 mg
铁：0.9 mg
锌：0.33 mg
硒：0.54 μg
铜：0.07 mg
锰：0.19 mg

莲藕

茎菜类

食部：88%
水分：86.4%

蛋白质：1.2 g
脂肪：0.2 g
碳水化合物：11.5 g
不溶性膳食纤维：2.2 g
灰分：0.7 g

维生素 B₁：0.04 mg
维生素 B₂：0.01 mg
维生素 B₃：0.12 mg
维生素 C：19 mg
维生素 E：0.32 mg

钙：18 mg
磷：45 mg
钾：293 mg
钠：34.3 mg
镁：14 mg
铁：0.3 mg
锌：0.24 mg
硒：0.17 μg
铜：0.09 mg
锰：0.89 mg

🔥 能量：**200 kJ**

🏃 跑步时长：**5.32 min**

　　莲藕是常见的深水栽培水生蔬菜之一，原产于印度，后传入我国。莲藕的常用贮藏温度为 5~8℃，常见的贮藏方法有埋藏法、塑料大帐法和水藏法。常见的传统膳食菜肴有凉拌莲藕、糯米莲藕、莲藕排骨汤等。

性味归经

味甘，性平，归心、脾、胃经。

古法主治

清心安神、凉血散瘀、养胃滋阴，补血止泻。热病烦渴、吐血、衄血、热淋。

48

荸荠

荸荠类

食部：78%
水分：83.6%

🔥 能量：**256 kJ**

🏃 跑步时长：**6.81 min**

蛋白质：1.2 g
脂肪：0.2 g
碳水化合物：14.2 g
不溶性膳食纤维：1.1 g
灰分：0.8 g

荸荠又名马蹄，是常见的浅水栽培水生蔬菜之一，原产于我国，目前在我国各地均有栽培。荸荠的常用贮藏温度为 0~2℃。荸荠经常用于制作糕点，常见的有马蹄糕、椰汁千层马蹄糕等，也可以直接水煮后食用。

维生素 A：3 μg
胡萝卜素：20 μg
维生素 B₁：0.02 mg
维生素 B₂：0.02 mg
维生素 B₃：0.7 mg
维生素 C：7 mg
维生素 E：0.65 mg

性味归经
味甘，性微寒，入肺、脾、胃经。

古法主治
温中益气、消渴清热、开胃下食、血崩、高血压、痔疮出血、肺热咳嗽。

钙：4 mg
磷：44 mg
钾：306 mg
钠：15.7 mg
镁：12 mg
铁：0.6 mg
锌：0.34 mg
硒：0.70 μg
铜：0.07 mg
锰：0.11 mg

花椰菜

花菜类

食部：82%
水分：93.2%

蛋白质：1.7 g
脂肪：0.2 g
碳水化合物：4.2 g
不溶性膳食纤维：2.1 g
灰分：0.7 g

维生素 A：1 μg
胡萝卜素：11 μg
维生素 B₁：0.04 mg
维生素 B₂：0.04 mg
维生素 B₃：0.32 mg
维生素 C：32 mg

钙：31 mg
磷：32 mg
钾：206 mg
钠：39.2 mg
镁：18 mg
铁：0.4 mg
锌：0.17 mg
硒：2.86 μg
铜：0.02 mg
锰：0.09 mg

能量：83 kJ

跑步时长：2.21 min

花椰菜俗称菜花，原产于地中海沿岸。花椰菜的常用贮藏温度为 0±0.5℃。常见的传统膳食菜肴有腊肉炒菜花、香菇炒菜花、番茄炒菜花等。

性味归经

味甘，性平，归肾、脾、胃经。

益肾健脑、清血健身、抗癌利水。

古法主治

肾虚头晕、腰膝酸痛、益气补虚、健脾和胃。

黄花菜

花菜类

食部：98%
水分：40.3%

蛋白质：19.4 g
脂肪：1.4 g
碳水化合物：34.9 g
不溶性膳食纤维：7.7 g
灰分：4 g

维生素 A：153 μg
胡萝卜素：1 840 μg
维生素 B_1：0.05 mg
维生素 B_2：0.21 mg
维生素 B_3：3.1 mg
维生素 C：10 mg
维生素 E：4.92 mg

钙：301 mg
磷：216 mg
钾：610 mg
钠：59.2 mg
镁：85 mg
铁：8.1 mg
锌：3.99 mg
硒：4.22 μg
铜：0.37 mg
锰：1.21 mg

🔥 能量：**897 kJ**

🏃 跑步时长：**23.86 min**

　　黄花菜又名金针菜、忘忧草，在我国各地均有栽培。黄花菜耐寒、耐瘠、耐旱。黄花菜鲜花中含有秋水仙碱，在食用时需用沸水焯的时间稍长些，来去除秋水仙碱。黄花菜的常用贮藏温度为 0~5 ℃。常见的传统膳食菜肴有凉拌黄花菜、黄花菜烧肉、黄花菜炒鸡蛋等。

性味归经

味甘，性凉，归肝、膀胱经。清热解毒，轻身明目，利湿热、安五脏。

古法主治

心悸失眠、咯血、衄血、月经不调。

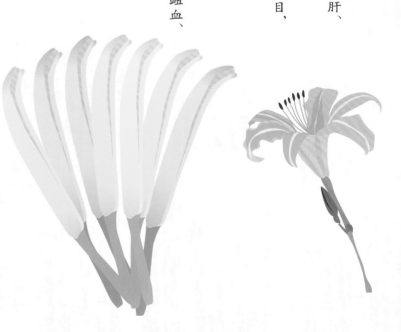

空心菜

叶菜类

食部：100%
水分：92.3%

蛋白质：2.2 g
脂肪：0.2 g
碳水化合物：4.0 g
灰分：1.3 g

维生素 A：143 μg
胡萝卜素：1 714 μg
维生素 B$_1$：0.03 mg
维生素 B$_2$：0.05 mg
维生素 B$_3$：0.22 mg
维生素 C：5 mg
维生素 E：0.1mg

钙：115 mg
磷：37 mg
钾：304 mg
钠：107.6 mg
镁：46 mg
铁：1.0 mg
锌：0.27 mg
铜：0.05 mg
锰：0.52 mg

能量：**77 kJ**
跑步时长：**2.05 min**

空心菜原产于热带地区，在我国南方地区栽培比较普遍。空心菜喜高温，耐热力强，不耐霜冻。空心菜的常用贮藏温度为 5~10 ℃。常见的传统膳食菜肴有豆豉蒜蓉空心菜、凉拌空心菜、清炒空心菜等。

性味归经

味甘，性平，归胃、肠经。

清热解毒、润肠通便、凉血、利尿。

古法主治

鼻衄、便秘、小便赤涩、疮痈肿毒，解误食野菌、毒菇、断肠草之毒。

茴香

叶菜类

食部：86%
水分：91.2%

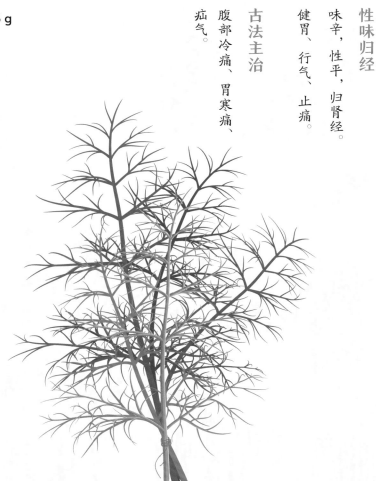

🔥 能量：**114 kJ**

🏃 跑步时长：**3.03 min**

　　茴香目前种植比较广泛。茴香的常用贮藏温度为0℃。常见的传统膳食菜肴有茴香菜豆腐，茴香经常用作饺子、包子的馅料。

蛋白质：2.5 g
脂肪：0.4 g
碳水化合物：4.2 g
不溶性膳食纤维：1.6 g
灰分：1.7 g

维生素 A：201 μg
胡萝卜素：2 410 μg
维生素 B$_1$：0.06 mg
维生素 B$_2$：0.09 mg
维生素 B$_3$：0.8 mg
维生素 C：26 mg
维生素 E：0.94mg

钙：154 mg
磷：23 mg
钾：149 mg
钠：186.3 mg
镁：46 mg
铁：1.2 mg
锌：0.73 mg
硒：0.77 μg
铜：0.04 mg
锰：0.31 mg

性味归经
味辛，性平，归肾经。
健胃、行气、止痛。

古法主治
腹部冷痛、胃寒痛、疝气。

茼蒿

叶菜类

食部：82%
水分：93%

🔥 能量：**98 kJ**

🏃 跑步时长：**2.61 min**

蛋白质：1.9 g
脂肪：0.3 g
碳水化合物：3.9 g
不溶性膳食纤维：1.2 g
灰分：0.9 g

茼蒿原产于地中海地区。茼蒿的常用贮藏温度为4℃。常用的烹饪方法是汆汤和凉拌，适合肠胃较弱的人群。茼蒿与肉、蛋等荤菜同食可提高维生素 A 的利用率。值得注意的是茼蒿中的芳香精油遇热容易挥发，故烹饪时要用旺火快炒。常见的传统膳食菜肴有蒜蓉茼蒿、香酥翠茼蒿、松仁鸡蛋炒茼蒿等。

维生素 A：126 μg
胡萝卜素：1 510 μg
维生素 B₁：0.04 mg
维生素 B₂：0.09 mg
维生素 B₃：0.6 mg
维生素 C：18 mg
维生素 E：0.92 mg

性味归经

味甘、辛，性平，归心、脾、胃经。

安心气、养脾胃、消痰饮。

古法主治

心悸、失眠多梦、痰多咳嗽、脾胃虚弱、消化不良等。

钙：73 mg
磷：36 mg
钾：220 mg
钠：161.3 mg
镁：20 mg
铁：2.5 mg
锌：0.35 mg
硒：0.6 μg
铜：0.06 mg
锰：0.28 mg

香菜

叶菜类

食部：81%

水分：90.5%

能量：**139 kJ**

跑步时长：**3.70 min**

蛋白质：1.8 g

脂肪：0.4 g

碳水化合物：6.2 g

不溶性膳食纤维：1.2 g

灰分：1.1 g

香菜又名芫荽，原产于地中海沿岸及中亚地区，目前在我国大部分地区都有种植。香菜的常用贮藏温度为 2~6 ℃。香菜常作为提味的蔬菜，是汤、饮中的佐料，多用于做凉拌菜佐料，或在烫料、面类菜中提味用。

维生素 A：97 μg

胡萝卜素：1 160 μg

维生素 B$_1$：0.04 mg

维生素 B$_2$：0.14 mg

维生素 B$_3$：2.2 mg

维生素 C：48 mg

维生素 E：0.8 mg

性味归经

味辛，性温，归脾、胃经。

发表透疹、开胃消食。

古法主治

风寒感冒、麻疹、疹痘不快、饮食不消化、纳食不佳。

钙：101 mg

磷：49 mg

钾：272 mg

钠：48.5 mg

镁：33 mg

铁：2.9 mg

锌：0.45 mg

硒：0.53 μg

铜：0.21 mg

锰：0.28 mg

芥菜

叶菜类

食部：94%
水分：91.5%

🔥 能量：**114 kJ**

🏃 跑步时长：**3.03 min**

蛋白质：2.0 g
脂肪：0.4 g
碳水化合物：4.7 g
不溶性膳食纤维：1.6 g
灰分：1.4 g

芥菜在我国种植比较广泛。芥菜喜冷凉湿润的环境。芥菜的常用贮藏温度为 0 ℃。常见的传统膳食菜肴有清炒芥菜、凉拌芥菜丝、肉片芥菜苗等。

性味归经

味辛，性温，归肺、胃、肾经。

古法主治

通窍开胃、利气豁痰。咳嗽痰滞、胸膈满闷、牙龈肿烂等。

维生素 A：26 µg
胡萝卜素：310 µg
维生素 B$_1$：0.03 mg
维生素 B$_2$：0.11 mg
维生素 B$_3$：0.5 mg
维生素 C：31 mg
维生素 E：0.74 mg

钙：230 mg
磷：47 mg
钾：281 mg
钠：30.5 mg
镁：24 mg
铁：3.2 mg
锌：0.70 mg
硒：0.70 µg
铜：0.08 mg
锰：0.42 mg

白菜

叶菜类

食部：89%

水分：94.4%

蛋白质：1.6 g

脂肪：0.2 g

碳水化合物：3.4 g

不溶性膳食纤维：0.9 g

灰分：0.7 g

维生素 A：7 µg

胡萝卜素：80 µg

维生素 B$_1$：0.05 mg

维生素 B$_2$：0.04 mg

维生素 B$_3$：0.65 mg

维生素 C：37.5 mg

维生素 E：0.36 mg

钙：57 mg

磷：33 mg

钾：134 mg

钠：68.9 mg

镁：12 mg

铁：0.8 mg

锌：0.46 mg

硒：0.57 µg

铜：0.06 mg

锰：0.19 mg

能量：**82 kJ**

跑步时长：**2.18 min**

白菜原产于中国北方，目前在我国大部分地区都有种植。白菜的常用贮藏温度为 0±0.5℃。常见的传统膳食菜肴有白菜炖粉条、醋溜白菜、白菜炖豆腐，白菜还经常用作饺子馅的配料。

性味归经

味甘，性微寒，归肠、胃经。

养胃生津、除烦解渴、清热解毒，利尿通便。

古法主治

口干舌燥、肺热咳嗽、小便不利。

油菜

叶菜类

食部：96%
水分：95.6%

🔥 能量：**57 kJ**
🏃 跑步时长：**1.52 min**

蛋白质：1.3 g
脂肪：0.5 g
碳水化合物：2.0 g
灰分：0.9 g

维生素 A：90 μg
胡萝卜素：1 083 μg
维生素 B_1：0.02 mg
维生素 B_2：0.05 mg
维生素 B_3：0.55 mg

钙：148 mg
磷：23 mg
钾：175 mg
钠：73.7 mg
镁：25 mg
铁：0.9 mg
锌：0.31 mg
硒：0.73 μg
铜：0.03 mg
锰：0.23 mg

油菜原产于中国西部，也称小白菜。油菜一般生长在气候相对湿润的地方，目前在我国大部分地区都有种植。油菜的常用贮藏温度为 0 ± 0.5℃。常见的传统膳食菜肴有香菇油菜、蒜香油菜木耳、油菜炒香干等。

性味归经

味辛、甘，性凉，归肺、肝、脾经。

古法主治

清热解毒、散血消肿、退热利尿等。

清热解毒、血痢腹痛、带状疱疹、荨麻疹。

芹菜

叶菜类

食部：100%

水分：95.4%

蛋白质：0.4g

脂肪：0.2 g

碳水化合物：3.1 g

不溶性膳食纤维：1.0 g

灰分：0.9 g

维生素 A：2 µg

胡萝卜素：18 µg

维生素 B₁：0.01 mg

维生素 B₂：0.02 mg

维生素 B₃：0.22 mg

维生素 C：2 mg

钙：15 mg

磷：13 mg

钾：128 mg

钠：166.4 mg

镁：16 mg

铁：0.2 mg

锌：0.14 mg

硒：0.07 µg

铜：0.03 mg

锰：0.04 mg

能量：**55 kJ**

跑步时长：**1.46 min**

　　芹菜原产于地中海和中东地区。芹菜的常用贮藏温度为 0 ± 0.5℃。常见的传统膳食菜肴有芹菜炒香干、芹菜炒肉、芹菜炒腐竹等。

性味归经

味甘、辛，性凉，归胃、肝经。

平肝清热、祛风利湿、醒脑健神、镇静降压。

古法主治

眩晕头痛、面红耳赤、月经不调、小便不利及高血压病。

菠菜

叶菜类

食部：89%
水分：91.2%

🔥 能量：**116 kJ**

🏃 跑步时长：**3.09 min**

菠菜原产于伊朗，目前在我国种植比较广泛。菠菜的常用贮藏温度为 0±0.5℃。常见的传统膳食菜肴有蒜蓉炒菠菜、菠菜木耳炒鸡蛋、多味果仁菠菜等。

蛋白质：2.6 g
脂肪：0.3 g
碳水化合物：4.5 g
不溶性膳食纤维：1.7 g
灰分：1.4 g

维生素 A：243 µg
胡萝卜素：2 920 µg
维生素 B$_1$：0.04 mg
维生素 B$_2$：0.11 mg
维生素 B$_3$：0.32 mg
维生素 C：32 mg

性味归经

味甘，性凉，归肠、胃经。

通血脉、开胸膈、下气调中、止渴润燥。

古法主治

便秘、贫血、头痛、高血压、糖尿病。

钙：31 mg
磷：32 mg
钾：206 mg
钠：39.2 mg
镁：18 mg
铁：0.4 mg
锌：0.17 mg
硒：2.86 µg
铜：0.02 mg
锰：0.09 mg

荠菜

叶菜类

食部：88%

水分：90.6%

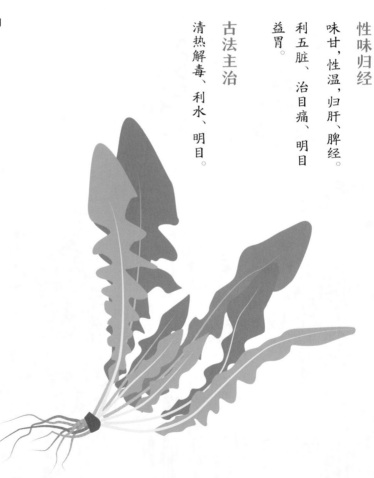

🔥 能量：**128 kJ**

🏃 跑步时长：**3.40 min**

　　荠菜在我国分布比较广泛，性喜温暖但耐寒力强。荠菜的常用贮藏温度为 0~4 ℃。常见的传统膳食菜肴有荠菜煎鸡蛋，荠菜还经常用作饺子馅。

蛋白质：2.9 g

脂肪：0.4 g

碳水化合物：4.7 g

不溶性膳食纤维：1.7 g

灰分：1.4 g

维生素 A：216 µg

胡萝卜素：2 590 µg

维生素 B_1：0.04 mg

维生素 B_2：0.15 mg

维生素 B_3：0.6 mg

维生素 C：43 mg

维生素 E：1 mg

钙：294 mg

磷：81 mg

钾：280 mg

钠：31 .6 mg

镁：37 mg

铁：5.4 mg

锌：0.68 mg

硒：0.51 µg

铜：0.29 mg

锰：0.65 mg

性味归经

味甘，性温，归肝、脾经。

利五脏、治目痛、明目益胃。

古法主治

清热解毒、利水、明目。

甘蓝

叶菜类

食部：86%
水分：94.5%

🔥 能量：**70 kJ**

🏃 跑步时长：**1.86 min**

蛋白质：0.9 g
脂肪：0.2 g
碳水化合物：4.0 g
灰分：0.4 g

甘蓝原产于地中海沿岸。甘蓝的常用贮藏温度为 0±0.5℃。常见的传统膳食菜肴有甘蓝炒粉丝、甘蓝炒西红柿、甘蓝炒肉等。

维生素 A：1 μg
胡萝卜素：12 μg
维生素 B$_1$：0.02 mg
维生素 B$_2$：0.02 mg
维生素 B$_3$：0.24 mg
维生素 C：16 mg

性味归经

味甘，性平，归脾、胃经。

健脾益胃、通络生肌、填补脑髓。

古法主治

胃溃疡、十二指肠溃疡、小儿发育迟缓。

钙：28 mg
磷：18 mg
钾：46 mg
钠：42.1 mg
镁：14 mg
铁：0.2 mg
锌：0.12 mg
硒：0.27 μg
铜：0.01 mg
锰：0.09 mg

苋菜

叶菜类

食部：74%

水分：90.2%

🔥 能量：**123 kJ**

🏃 跑步时长：**3.27 min**

蛋白质：2.8 g

脂肪：0.3 g

碳水化合物：5.0 g

不溶性膳食纤维：2.2 g

灰分：1.7 g

维生素 A：176 μg

胡萝卜素：2 110 μg

维生素 B₁：0.03 mg

维生素 B₂：0.12 mg

维生素 B₃：0.8 mg

维生素 C：47 mg

维生素 E：0.36 mg

钙：187 mg

磷：59 mg

钾：207 mg

钠：32.4 mg

镁：119 mg

铁：5.4 mg

锌：0.8 mg

硒：0.52 μg

铜：0.13 mg

锰：0.78 mg

苋菜原产于中国、印度及东南亚等地，目前在我国各地均有栽培。苋菜喜温暖，较耐热。苋菜的常用贮藏温度为 7~10 ℃。常见的传统膳食菜肴有清炒苋菜、虾蓉苋菜、蒜泥苋菜等。

性味归经

味甘，性凉，归肺、大肠经。

补气除热、通九窍、主赤痢，杀虫毒。

古法主治

咽喉肿痛、肠炎痢疾、小便涩痛、痈疮疖肿

韭菜

叶菜类

食部：90%
水分：92.0%

🔥 能量：**102 kJ**

🏃 跑步时长：**2.71 min**

蛋白质：**2.4 g**
脂肪：**0.4 g**
碳水化合物：**4.5 g**
灰分：**0.7 g**

韭菜是我国传统的五菜之一，原产于亚洲东南部，目前在我国各地均已普遍栽培。韭菜的常用贮藏温度为 0±0.5℃。常见的传统膳食菜肴有韭菜炒鸭蛋、韭菜虾皮炒鸡蛋等，韭菜还经常用作饺子馅的配料。

维生素 A：133 μg
胡萝卜素：1 596 μg
维生素 B₁：0.04 mg
维生素 B₂：0.05 mg
维生素 B₃：0.86 mg
维生素 C：2 mg
维生素 E：0.57 mg

性味归经

味辛、微酸，性温，入肝、胃、肾经。

古法主治

温肾助阳、健脾暖胃、行气散血、止汗固涩。

腰膝冷痛、气血瘀阻、阳痿遗精、体虚盗汗、小便频数。

钙：44 mg
磷：45 mg
钾：241 mg
钠：5.8 mg
镁：24 mg
铁：0.7 mg
锌：0.25 mg
硒：1.33 μg
铜：0.05 mg
锰：0.21 mg

百合

鳞茎菜类

食部：82%

水分：56.7%

🔥 能量：**692 kJ**

🏃 跑步时长：**18.40 min**

蛋白质：3.2 g

脂肪：0.1 g

碳水化合物：38.8 g

不溶性膳食纤维：1.7g

灰分：1.2 g

维生素 B$_1$：0.02 mg

维生素 B$_2$：0.04 mg

维生素 B$_3$：0.7 mg

维生素 C：18 mg

钙：11 mg

磷：61 mg

钾：510 mg

钠：6.7 mg

镁：43 mg

铁：1.0 mg

锌：0.50 mg

硒：0.20 μg

铜：0.24 mg

锰：0.35 mg

百合在我国分布较广泛。百合的的鳞茎供食用。鲜百合的常用贮藏温度为 0℃；百合干可存放于干燥容器内，密闭，置通风干燥处。百合常见的传统膳食菜肴有虾仁西芹百合、百合小炒等，百合还可以用来熬制汤羹，常见的有银耳百合雪梨羹、莲子百合汤等。

性味归经

味甘，性寒，归肺、心经。

养阴润肺止咳，清心安神。

古法主治

阴虚燥咳，劳嗽咳血；热病余热未清，虚烦惊悸，失眠多梦等。

葱白

鳞茎菜类

食部：82%
水分：91.8%

🔥 能量：**115 kJ**
🏃 跑步时长：**3.06 min**

蛋白质：1.6 g
脂肪：0.3 g
碳水化合物：5.8 g
不溶性膳食纤维：2.2 g
灰分：0.5 g

维生素 A：5 μg
胡萝卜素：64 μg
维生素 B₁：0.06 mg
维生素 B₂：0.03 mg
维生素 B₃：0.5 mg
维生素 C：3 mg

钙：63 mg
磷：25 mg
钾：110 mg
钠：8.9 mg
镁：16 mg
铁：0.6 mg
锌：0.29 mg
硒：0.21 μg
铜：0.03 mg
锰：0.34 mg

葱原产于西伯利亚，目前在我国各地均有栽培，是传统的五菜之一。葱白的常用贮藏温度为 0℃。葱常作为香料调味品或蔬菜食用。

性味归经
味辛，性温，归肺、胃经。

古法主治
发汗解表，散寒通阳。
风寒感冒、虫积内阻、二便不通、疮痈肿毒。

洋葱

鳞茎菜类

食部：90%

水分：89.2%

蛋白质：1.1 g

脂肪：0.2 g

碳水化合物：9.0 g

不溶性膳食纤维：0.9 g

灰分：0.5 g

维生素 A：2 μg

胡萝卜素：20 μg

维生素 B$_1$：0.03 mg

维生素 B$_2$：0.03 mg

维生素 B$_3$：0.3 mg

维生素 C：8 mg

维生素 E：0.14 mg

钙：24 mg

磷：39 mg

钾：147 mg

钠：4.4 mg

镁：15 mg

铁：0.6 mg

锌：0.23 mg

硒：0.92 μg

铜：0.05 mg

锰：0.14 mg

能量：**169 kJ**

跑步时长：**4.49 min**

　　洋葱在我国分布比较广泛。洋葱的常用贮藏温度为 –1~0℃。常见的传统膳食菜肴有清炒洋葱、洋葱鸡蛋炒黄瓜、青瓜炒洋葱等。

性味归经
味辛，性温，归肝、脾、肺经。

古法主治
温中下气，消谷能食，杀虫，利五脏不足之气。身面浮肿、小便不利、喘急。

大蒜

鳞茎菜类

食部：85%

水分：66.6%

🔥 能量：**536 kJ**

🏃 跑步时长：**14.26 min**

蛋白质：4.5 g

脂肪：0.2 g

碳水化合物：27.6 g

不溶性膳食纤维：1.1 g

灰分：1.1 g

维生素 A：3 μg

胡萝卜素：30 μg

维生素 B_1：0.04 mg

维生素 B_2：0.06 mg

维生素 B_3：0.6 mg

维生素 C：7 mg

维生素 E：1.07 mg

钙：39 mg

磷：117 mg

钾：302 mg

钠：19.6 mg

镁：21 mg

铁：1.2 mg

锌：0.88 mg

硒：3.09 μg

铜：0.22 mg

锰：0.29 mg

大蒜原产于西亚和中亚，目前在我国大部地区都有种植。大蒜的常用贮藏温度为 −1~0℃。大蒜有浓烈的蒜辣气，味辛辣，有刺激性气味，可直接食用或供调味。大蒜不宜空腹食用。

性味归经

味辛，性温，归脾、胃、肺经。

暖脾胃、行滞气、抗炎灭菌。

古法主治

食积、腹痛、痢疾、百日咳、水肿、泄泻、蛇虫咬伤。

蚕豆

果菜类

食部: 31%
水分: 70.2%

🔥 能量: **463 kJ**

🏃 跑步时长: **12.31 min**

蛋白质: 8.8 g
脂肪: 0.4 g
碳水化合物: 19.5 g
不溶性膳食纤维: 3.1 g
灰分: 1.1 g

维生素 A: 26 μg
胡萝卜素: 310 μg
维生素 B_1: 0.37 mg
维生素 B_2: 0.10 mg
维生素 B_3: 1.50 mg
维生素 C: 16 mg
维生素 E: 0.83 mg

钙: 16 mg
磷: 200 mg
钾: 391 mg
钠: 4.0 mg
镁: 46 mg
铁: 3.5 mg
锌: 1.37 mg
硒: 2.02 μg
铜: 0.39 mg
锰: 0.55 mg

蚕豆起源于亚洲西南和非洲北部。蚕豆的常用贮藏温度为 1±0.5℃。常见的传统膳食菜肴有蚕豆炒鸡蛋、蚕豆瓣炒肉片等，蚕豆也经常加工为休闲食品供人们食用。

性味归经

味甘、微辛，性平，归脾、胃经。

快胃、利脏腑。

古法主治

脾胃虚弱、消化不良、水肿脚气、便溏泄泻。

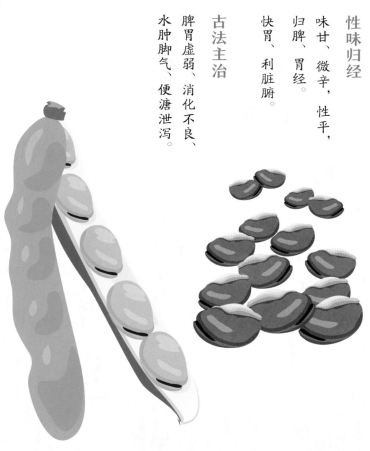

豌豆

果菜类

食部：42%

水分：70.2%

能量：**465 kJ**

跑步时长：**12.37 min**

蛋白质：7.4 g

脂肪：0.3 g

碳水化合物：21.2 g

不溶性膳食纤维：3.0 g

灰分：0.9 g

维生素 A：18 μg

胡萝卜素：220 μg

维生素 B₁：0.43 mg

维生素 B₂：0.09 mg

维生素 B₃：2.3 mg

维生素 C：14 mg

维生素 E：1.21 mg

钙：21 mg

磷：127 mg

钾：332 mg

钠：1.2 mg

镁：43 mg

铁：1.7 mg

锌：1.29 mg

硒：1.74 μg

铜：0.22 mg

锰：0.65 mg

豌豆在世界各地均有分布。豌豆的常用贮藏温度为 0℃。常见的传统膳食菜肴有五彩炒豌豆、番茄豌豆、豌豆虾仁，豌豆也经常加工为休闲食品供人们食用。

性味归经

味甘，性平，归脾、胃经。

健脾和胃、消渴、止泻痢。

古法主治

脾胃不和、小腹胀满、食欲不振、小便不利、产后乳汁不下等。

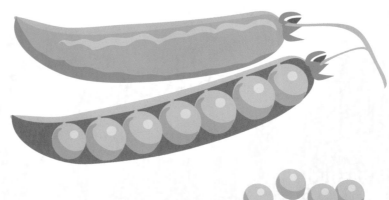

四季豆

果菜类

食部：96%

水分：91.3%

蛋白质：2.0 g

脂肪：0.4 g

碳水化合物：5.7 g

不溶性膳食纤维：1.5 g

灰分：0.6 g

维生素 A：18 μg

胡萝卜素：210 μg

维生素 B$_1$：0.04 mg

维生素 B$_2$：0.07 mg

维生素 B$_3$：0.4 mg

维生素 C：6 mg

维生素 E：1.24 mg

钙 ：42 mg

磷 ：51 mg

钾 ：123 mg

钠 ：8.6 mg

镁 ：27 mg

铁 ：1.5 mg

锌 ：0.23 mg

硒 ：0.43 μg

铜 ：0.11 mg

锰 ：0.18 mg

能量：131 kJ

跑步时长：3.48 min

　　四季豆又名菜豆、芸豆，常用贮藏温度为 8~10℃，四季豆喜温暖不耐霜冻。常见的传统膳食菜肴有干煸四季豆、土豆炖四季豆、蒜香四季豆等。

性味归经

味甘，性平，归肝、脾经。

古法主治

益气和中、化湿利尿、消肿解毒。

脾胃虚弱、痰湿内阻、哮喘等。

白扁豆

果菜类

食部：91%

水分：88.3%

🔥 能量：**172 kJ**

🏃 跑步时长：**4.57 min**

蛋白质：**2.7 g**

脂肪：**0.2 g**

碳水化合物：**8.2 g**

不溶性膳食纤维：**2.1 g**

灰分：**0.6 g**

维生素 A：**13 μg**

胡萝卜素：**150 μg**

维生素 B$_1$：**0.04 mg**

维生素 B$_2$：**0.07 mg**

维生素 B$_3$：**0.9 mg**

维生素 C：**13 mg**

维生素 E：**0.24 mg**

钙：**38 mg**

磷：**54 mg**

钾：**178 mg**

钠：**3.8 mg**

镁：**34 mg**

铁：**1.9 mg**

锌：**0.72 mg**

硒：**0.94 μg**

铜：**0.12 mg**

锰：**0.34 mg**

白扁豆原产于印度、印度尼西亚等热带地区，目前在我国各地均广泛分布。白扁豆的常用贮藏温度为8~10℃。常见的传统膳食菜肴有京酱焖白扁豆、茄汁白扁豆、烧焖白扁豆等。

性味归经

味甘，性微温，归脾、胃经。

补脾，化湿，消暑。

古法主治

脾虚食少，便溏或泄泻，湿浊带下，暑湿吐泻。此外，对食物中毒所致呕吐，尚有解毒和中作用。

豇豆

果菜类

食部：97%
水分：90.1%

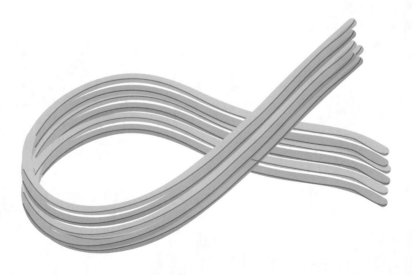

🔥 能量：**134 kJ**

🏃 跑步时长：**3.56 min**

蛋白质：2.2 g
脂肪：0.3 g
碳水化合物：7.3 g
灰分：0.7 g

维生素 A：44 μg
胡萝卜素：526 μg
维生素 B₁：0.06 mg
维生素 B₂：0.05 mg
维生素 C：13 mg
维生素 E：0.39 mg

钙：62 mg
磷：55 mg
钾：171 mg
钠：9.5 mg
镁：55mg
铁：0.8 mg
锌：0.38 mg
硒：0.66 μg
铜：0.12 mg
锰：0.27 mg

豇豆原产于印度和缅甸，目前在我国分布比较广泛。豇豆的常用贮藏温度为 8±1℃。常见传统膳食菜肴有蒜蓉豇豆、肉末酸豇豆、鱼香豇豆、豇豆肉丝等。

性味归经

味甘、咸，性平，归脾、胃经。

古法主治

理中益气、补肾健胃，和五脏，调营生，生精髓，止消渴，吐逆泻痢，解暑。小便不利、乳汁不通、痈疮疖毒、食欲不振。

茄子

果菜类

食部：93%
水分：93.4%

🔥 能量：**97 kJ**

🏃 跑步时长：**2.58 min**

蛋白质：1.1 g
脂肪：0.2 g
碳水化合物：4.9 g
不溶性膳食纤维：1.3 g
灰分：0.4 g

维生素 A：4 μg
胡萝卜素：50 μg
维生素 B$_1$：0.02 mg
维生素 B$_2$：0.04 mg
维生素 B$_3$：0.6 mg
维生素 C：5 mg
维生素 E：1.13 mg

钙：24 mg
磷：23 mg
钾：142 mg
钠：5.4 mg
镁：13 mg
铁：0.5 mg
锌：0.23 mg
硒：0.48 μg
铜：0.10 mg
锰：0.13 mg

茄子在我国各地均有栽培，为夏季主要蔬菜之一。茄子的常用贮藏温度为 10~11℃。常见的传统膳食菜肴有红烧茄子、鱼香茄子、肉末茄子等。

性味归经

味甘，性凉，归脾、胃、大肠经。

散血止痛、消肿宽肠。

古法主治

血热便血、热毒疮痈、皮肤溃疡。

南瓜

果菜类

食部：**85%**

水分：**93.5%**

能量：**97 kJ**

跑步时长：**2.58 min**

蛋白质：**0.7 g**

脂肪：**0.1 g**

碳水化合物：**5.3 g**

不溶性膳食纤维：**0.8 g**

灰分：**0.4 g**

维生素 A：**74 μg**

胡萝卜素：**890 μg**

维生素 B_1：**0.03 mg**

维生素 B_2：**0.04 mg**

维生素 B_3：**0.4 mg**

维生素 C：**8 mg**

维生素 E：**0.36 mg**

钙：**16 mg**

磷：**24 mg**

钾：**145 mg**

钠：**0.8 mg**

镁：**8 mg**

铁：**0.4 mg**

锌：**0.14 mg**

硒：**0.46 μg**

铜：**0.03 mg**

锰：**0.08 mg**

南瓜原产于墨西哥到中美洲一带，目前在我国各地均有栽培。南瓜的常用贮藏温度为 10~13℃。南瓜可以用来做南瓜饼、南瓜年糕、南瓜小米粥等。

性味归经

味甘，性温，归胃、大肠经。

补中益气、消炎止痛、解毒杀虫、止咳化痰。

古法主治

脾气虚弱、气短乏力、慢性腹泻、肺痈多痰。

75

番茄

果菜类

食部：97%

水分：95.2%

🔥 能量：**62 kJ**

🏃 跑步时长：**1.65 min**

蛋白质：0.9 g

脂肪：0.2 g

碳水化合物：3.3 g

灰分：0.4 g

维生素 A：31 μg

胡萝卜素：375 μg

维生素 B₁：0.02 mg

维生素 B₂：0.01 mg

维生素 B₃：0.49 mg

维生素 C：14 mg

维生素 E：0.42 mg

钙：4 mg

磷：24 mg

钾：179 mg

钠：9.7 mg

镁：12 mg

铁：0.2 mg

锌：0.12 mg

铜：0.04 mg

锰：0.06 mg

番茄又名西红柿，原产于中美洲和南美洲。番茄的常用贮藏温度：绿熟期 10~13 ℃，红熟期 0~2 ℃。常见的传统膳食菜肴有番茄炒蛋、番茄烩牛腩、番茄炒菜花等。

性味归经

味甘、酸，性微寒，归肝、胃、肺经。

生津止渴、健胃消食、清热解毒、凉血平肝。

古法主治

咳嗽咽痛、高血压眼底出血、胃弱、胃酸过少，牙龈出血、夜盲症。

丝瓜

果菜类

食部：83%
水分：94.1%

🔥 能量：**82 kJ**

🏃 跑步时长：**2.18 min**

蛋白质：1.3 g
脂肪：0.2 g
碳水化合物：4.0 g
灰分：0.4 g

维生素 A：13 μg
胡萝卜素：155 μg
维生素 B₁：0.02 mg
维生素 B₂：0.04 mg
维生素 B₃：0.32 mg
维生素 C：4 mg
维生素 E：0.08 mg

钙：37 mg
磷：33 mg
钾：121 mg
钠：3.7 mg
镁：19 mg
铁：0.3 mg
锌：0.22 mg
硒：0.2 μg
铜：0.05 mg
锰：0.07 mg

丝瓜原产于印度，在东亚地区广泛种植。丝瓜的常用贮藏温度为 8~10 ℃。丝瓜的汁水丰富，为避免其营养成分随汁水流失，故须现切现做。丝瓜不宜生吃。在烹饪丝瓜时应保持清淡、少油，来使其香嫩爽口。常见的传统膳食菜肴有丝瓜炒鸡蛋、丝瓜炒木耳、蒜蓉丝瓜等。

性味归经

味甘，性平，归肺、肝、胃、大肠经。

古法主治

清热解毒、凉血通络、化痰。

产后缺乳、痈疽疮毒、化痰止咳、赤白带下。

青椒

果菜类

食部：**82%**
水分：**94.6%**

🔥 能量：**77 kJ**

🏃 跑步时长：**2.05 min**

蛋白质：**1.0 g**
脂肪：**0.2 g**
碳水化合物：**3.8 g**
灰分：**0.4 g**

维生素 A：**6 μg**
胡萝卜素：**76 μg**
维生素 B₁：**0.02 mg**
维生素 B₂：**0.02 mg**
维生素 B₃：**0.39 mg**
维生素 C：**130 mg**
维生素 E：**0.41 mg**

硒：**0.38 μg**

青椒原产于南美洲热带地区，目前在我国种植比较广泛。青椒的常用贮藏温度为 8~10℃。青椒富含维生素 C，在烹饪菜肴时，要注意把握火候，应猛火快炒，加热时间不要太长，以免维生素 C 流失过多。常见的传统膳食菜肴有青椒肉丝、青椒土豆炒肉片、青椒炒鱼饼等。

古法主治
胃寒饱胀、风寒感冒、消化不良、冻疮疥癣。

温中健胃、散寒燥热、开胃消食，发汗。

性味归经
味辛，性热，归心、脾、胃经。

黄瓜

果菜类

食部：92%
水分：95.8%

🔥 能量：**65 kJ**
🏃 跑步时长：**1.73 min**

　　黄瓜在我国种植比较广泛。黄瓜的常用贮藏温度为7~10℃。常见的传统膳食菜肴有黄瓜炒鸡蛋、黄瓜炒木耳、红油黄瓜拌耳丝等。

蛋白质：0.8 g
脂肪：0.2 g
碳水化合物：2.9 g
不溶性膳食纤维：0.5 g
灰分：0.3 g

维生素 A：8 μg
胡萝卜素：90 μg
维生素 B₁：0.02 mg
维生素 B₂：0.03 mg
维生素 B₃：0.2 mg
维生素 C：9 mg
维生素 E：0.49 mg

钙：24 mg
磷：24 mg
钾：102 mg
钠：4.9 mg
镁：15 mg
铁：0.5 mg
锌：0.18 mg
硒：0.38 μg
铜：0.05 mg
锰：0.06 mg

性味归经
味甘，性凉，归脾、胃、大肠经。

清热利水、解毒消肿、生津止渴。

古法主治
身热烦渴、咽喉肿痛、火眼赤痛、湿热黄疸、小便不利。

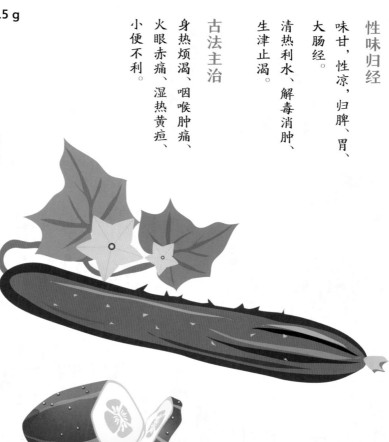

苦瓜

果菜类

食部：81%
水分：93.4%

🔥 能量：**91 kJ**

🏃 跑步时长：**2.42 min**

苦瓜原产于东印度，广泛栽培于世界热带到温带地区，现在我国南北均普遍栽培。苦瓜的常用贮藏温度为 10~13 ℃。常见的传统膳食菜肴有苦瓜炒鸡蛋、糖醋拌苦瓜、清炒苦瓜等。

蛋白质：1 g
脂肪：0.1 g
碳水化合物：4.9 g
不溶性膳食纤维：1.4 g
灰分：0.6 g

性味归经

味苦，性寒，归心、脾、肝经。

古法主治

清除邪热、解除劳乏、清心明目。

热病烦渴、中暑痢疾、痈肿疮疖、养阴润肤。

维生素 A：8 μg
胡萝卜素：100 μg
维生素 B$_1$：0.03 mg
维生素 B$_2$：0.03 mg
维生素 B$_3$：0.4 mg
维生素 C：56 mg
维生素 E：0.85 mg

钙：14 mg
磷：35 mg
钾：256 mg
钠：2.5 mg
镁：18 mg
铁：0.7 mg
锌：0.36 mg
硒：0.36 μg
铜：0.06 mg
锰：0.16 mg

冬瓜

果菜类

食部：80%
水分：96.9%

🔥 **能量：43 kJ**

🏃 **跑步时长：1.14 min**

蛋白质：0.3 g
脂肪：0.2 g
碳水化合物：2.4 g
灰分：0.2 g

维生素 B₃：0.22 mg
维生素 C：16 mg
维生素 E：0.04 mg

钙：12 mg
磷：11 mg
钾：57 mg
钠：2.8 mg
镁：10 mg
铁：0.1 mg
锌：0.1 mg
硒：0.02 μg
铜：0.01 mg
锰：0.02 mg

冬瓜主要分布于亚洲热带、亚热带地区，目前在我国各个地区均有栽培。冬瓜的常用贮藏温度为 10~13℃。冬瓜经常用来做汤，常见的传统膳食菜肴有冬瓜排骨海带汤、冬瓜氽丸子汤、冬瓜莲子汤等。

性味归经

味苦，性寒，归心、脾、肝经。

清除邪热、解除劳乏、清心明目。

古法主治

热病烦渴、中暑痢疾、痈肿疮疖、养阴润肤。

佛手瓜

果菜类

食部：100%
水分：94.3%

蛋白质：1.2 g
脂肪：0.1 g
碳水化合物：3.8 g
不溶性膳食纤维：1.2 g
灰分：0.6 g

维生素 A：2 μg
胡萝卜素：20 μg
维生素 B$_1$：0.01 mg
维生素 B$_2$：0.1 mg
维生素 B$_3$：0.1 mg
维生素 C：8 mg

钙：17 mg
磷：18 mg
钾：76 mg
钠：1.0 mg
镁：10 mg
铁：0.1 mg
锌：0.08 mg
硒：1.45 μg
铜：0.02 mg
锰：0.03 mg

能量：77 kJ
跑步时长：2.05 min

佛手瓜在我国长江以南各地都有种植，喜温暖湿润、阳光充足的环境。佛手瓜的常用贮藏温度为10~12℃。常见的传统膳食菜肴有鱼香佛手瓜茄子、凉拌佛手瓜、佛手瓜炒里脊等。

性味归经

味辛、苦、酸，性温，归肝、脾、肺经。

疏肝解郁，理气和中，燥湿化痰。

古法主治

肝气郁结，胸肋胀痛；胃脘痞满，呕恶食少；久咳痰多，胸闷作痛。

白萝卜

根菜类

食部：94%
水分：94.8%

能量：66 kJ

跑步时长：1.76 min

白萝卜在我国大部分地区都有种植。白萝卜的常用贮藏温度为 0~1℃。常见的传统膳食菜肴有白萝卜烩虾仁、清炒白萝卜、白萝卜烧排骨等。

蛋白质：0.7 g
脂肪：0.2 g
碳水化合物：3.6 g
不溶性膳食纤维：1.0 g
灰分：0.7 g

维生素 B₁：0.02 mg
维生素 B₂：0.01 mg
维生素 B₃：0.31 mg
维生素 C：16 mg

钙：25 mg
磷：31 mg
钾：14 mg
钠：117.5 mg
镁：9 mg
铁：0.3 mg
锌：0.12 mg
硒：0.22 μg
铜：0.01 mg
锰：0.04 mg

性味归经

味辛、甘，性凉，归肺、胃经。

健胃消食、顺气化痰、宽胸利膈、解毒化痰。

古法主治

食积气滞、胸腹胀闷、咳嗽痰喘、小便不利。

胡萝卜

根菜类

食部：97%
水分：87.4%

🔥 能量：**191 kJ**
🏃 跑步时长：**5.08 min**

蛋白质：1.4 g
脂肪：0.2 g
碳水化合物：10.2 g
不溶性膳食纤维：1.3 g
灰分：0.8 g

维生素 A：344 μg
胡萝卜素：4 010 μg
维生素 B₁：0.04 mg
维生素 B₂：0.04 mg
维生素 B₃：0.2 mg
维生素 C：16 mg

钙：32 mg
磷：16 mg
钾：193 mg
钠：25.1 mg
镁：7 mg
铁：0.5 mg
锌：0.14 mg
硒：2.80 μg
铜：0.03 mg
锰：0.07 mg

胡萝卜原产于亚洲西南部。胡萝卜的常用贮藏温度为 0~1℃。常见的传统膳食菜肴有胡萝卜炒香芹、凉拌胡萝卜丝、排骨玉米胡萝卜汤等。

性味归经

味甘、辛，性平，归肝、胃、肺经。

古法主治

健脾和胃、补肝明目、清热解毒、降气止咳。

胃脘胀满、夜盲症、百日咳、大便秘结。

香椿

特菜类

食部：76%
水分：85.2%

🔥 能量：**211 kJ**

🏃 跑步时长：**5.61 min**

香椿又名香椿铃、香铃子、香椿子、香椿芽，原产于中国。香椿的常用贮藏温度为0~2℃。常见的传统膳食菜肴有香椿煎鸡蛋、炸香椿鱼、香椿拌豆腐等。

蛋白质：1.7 g
脂肪：0.4 g
碳水化合物：10.9 g
不溶性膳食纤维：1.8 g
灰分：1.8 g

维生素 A：58 μg
胡萝卜素：700 μg
维生素 B₁：0.07 mg
维生素 B₂：0.12 mg
维生素 B₃：0.9 mg
维生素 C：40 mg
维生素 E：0.99 mg

钙：96 mg
磷：147 mg
钾：172 mg
钠：4.6 mg
镁：36 mg
铁：3.9 mg
锌：2.25 mg
硒：0.42 μg
铜：0.09 mg
锰：0.35 mg

性味归经

味苦，性温，归肺、胃、大肠经。

清热解毒、健胃理气、收敛止血。

古法主治

食欲不振、肠炎痢疾、疮痈肿毒。

牛蒡

特菜类

食部：100%

水分：87.0%

蛋白质：4.7 g

脂肪：0.8 g

碳水化合物：5.1 g

不溶性膳食纤维：2.4 g

灰分：2.4 g

维生素 A：325 μg

胡萝卜素：3 900 μg

维生素 B₁：0.02 mg

维生素 B₂：0.29 mg

维生素 B₃：1.1 mg

维生素 C：25 mg

钙：242 mg

磷：61 mg

铁：7.6 mg

能量：174 kJ

跑步时长：4.63 min

牛蒡主要生长在山坡、山谷、灌木丛中等环境中。牛蒡的常用贮藏温度为 0~2℃。常见的传统膳食菜肴有鱼香牛蒡丝、牛蒡骨头汤、凉拌三丝牛蒡等。

性味归经

味苦，性寒，归肺、胃经。

疏风透疹、利咽消肿、利尿、散风除热。

古法主治

咽喉红肿疼痛、风热感冒、急性腮腺炎等。

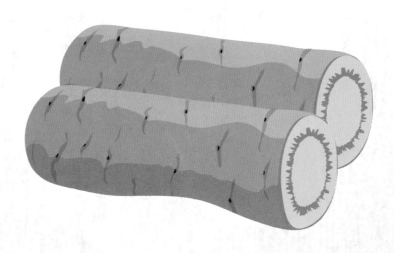

蕨菜

特菜类

食部：100%
水分：88.6%

🔥 能量：**177 kJ**

🏃 跑步时长：**4.71 min**

蕨菜目前在我国种植比较广泛。蕨菜需高温煮熟后加纯净水装袋，抽真空包装保存。蕨菜的常用贮藏温度为0~4℃。常见的传统膳食菜肴有凉拌蕨菜、香酥炸蕨菜、腊肉炒蕨菜等。

蛋白质：1.6 g
脂肪：0.4 g
碳水化合物：9.0 g
不溶性膳食纤维：1.8 g
灰分：0.4 g

维生素A：92 μg
胡萝卜素：1 100 μg
维生素C：23 mg
维生素E：0.78 mg

钙：17 mg
磷：50 mg
钾：292 mg
镁：30 mg
铁：4.2 mg
锌：0.60 mg
铜：0.16 mg
锰：0.32 mg

性味归经

味甘，性寒，归大肠、膀胱经。

滑肠、清热、健胃、降气、驱风、化痰。

古法主治

痢疾、脱肛、食膈、气喘、肠风热毒。

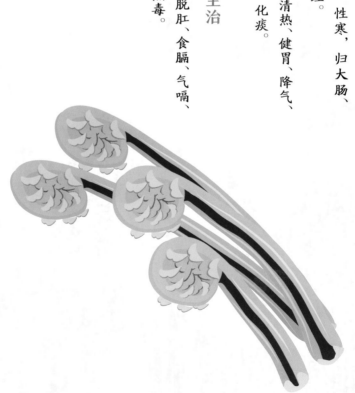

苜蓿

特菜类

食部：95%

水分：90.2%

🔥 能量：**148 kJ**

🏃 跑步时长：**3.94 min**

蛋白质：5 g

脂肪：0.7 g

碳水化合物：2.9 g

不溶性膳食纤维：1.4 g

灰分：1.2 g

维生素 A：458 μg

胡萝卜素：5 490 μg

维生素 B₁：0.02 mg

维生素 B₂：0.17 mg

维生素 B₃：1.0 mg

维生素 C：102 mg

维生素 E：2.82 mg

钙：112mg

磷：22 mg

钾：32 mg

钠：26.2 mg

镁：11 mg

铁：2.8 mg

锌：0.25 mg

硒：0.11 μg

铜：0.04 mg

锰：0.13 mg

苜蓿原产于伊朗，耐干旱，耐冷热，目前在我国大部分地区都有种植。常见的传统膳食菜肴有凉拌苜蓿、苜蓿炒肉丝、苜蓿炒黄瓜等。

古法主治

湿热黄疸、目赤、肠炎、膀胱结石。

利五脏、轻身健人、洗去脾胃间邪热气、通小肠诸恶热毒。

性味归经

味苦，性平，归脾、胃、肾经。

马齿苋

特菜类

食部：100%
水分：92%

能量：**117 kJ**
跑步时长：**3.11 min**

蛋白质：2.3 g
脂肪：0.5 g
碳水化合物：3.9 g
不溶性膳食纤维：0.7 g
灰分：1.3 g

维生素 A：186 µg
胡萝卜素：2 230 µg
维生素 B$_1$：0.03 mg
维生素 B$_2$：0.11 mg
维生素 B$_3$：0.7 mg
维生素 C：23 mg

钙：85 mg
磷：56 mg
铁：1.5 mg

马齿苋在我国各地均广泛分布，生长于菜园、农田、路旁。马齿苋性喜高湿，耐旱、耐涝，具向阳性。常见的传统膳食菜肴有泡椒马齿苋、马齿苋蒸腊肉、蒜泥麻汁马齿苋等。

性味归经

味酸，性寒。归肝、大肠经。

清热解毒，凉血止血，止痢。

古法主治

热毒血痢，疮疡疔毒；丹毒肿痛；便血，痔血，崩漏下血，湿热淋证、带下等。

野菊花

特菜类

食部：100%
水分：85%

🔥 能量：**195 kJ**

🏃 跑步时长：**5.19 min**

蛋白质：3.2 g
脂肪：0.5 g
碳水化合物：9.0 g
不溶性膳食纤维：3.4 g
灰分：2.3 g

钙：178 mg
磷：41 mg

野菊花在我国各地均广泛分布，生于山坡草地、灌丛、河边水湿地、滨海盐渍地、田边及路旁。因菊花有去火的特性，经常用于茶饮，常见的有菊花茶。

性味归经

味甘、苦，性微寒，归肺、肝经。

疏散风热，平肝明目，清热解毒。

古法主治

用于风热感冒、发热头痛；肝阳眩晕，目赤昏花；疮痈肿痛。

蒲公英

特菜类

食部：100%
水分：84%

🔥 能量：**221 kJ**

🏃 跑步时长：**5.88 min**

蛋白质：4.8 g
脂肪：1.1 g
碳水化合物：7 g
不溶性膳食纤维：2.1 g
灰分：3.1 g

蒲公英在我国各地均广泛分布，常见于中、低海拔地区的山坡草地、路边、田野、河滩。蒲公英是药食兼用的植物，因蒲公英有去火的特性，经常用于茶饮，常见的有蒲公英茶。蒲公英也可生食、炒食或做汤，常见的传统膳食菜肴有蒲公英炒肉丝、凉拌蒲公英、蒲公英绿豆汤等。

维生素 A：613 µg
胡萝卜素：7 350 µg
维生素 B₁：0.03 mg
维生素 B₂：0.39 mg
维生素 B₃：1.9 mg
维生素 C：47 mg
维生素 E：0.02 mg

性味归经

味苦、甘，性寒，归肝、胃经。

清热解毒，消痈散结，利湿通淋，清肝明目。

古法主治

疔疮肿毒，乳痈，肺痈，湿热黄疸，热淋涩痛，目赤肿痛。

钙：216 mg
磷：93 mg
钾：327 mg
钠：76 mg
镁：54 mg
铁：4 mg
锌：0.35 mg
铜：0.44 mg
锰：0.58 mg

紫苏

特菜类

食部：76%

🔥 能量：**213 kJ**
🏃 跑步时长：**5.66 min**

蛋白质：**3.8 g**
脂肪：**1.3 g**
碳水化合物：**9.9 g**
不溶性膳食纤维：**3.8 g**

维生素 A：**1 232 μg**
维生素 B_1：**0.02 mg**
维生素 B_2：**0.35 mg**
维生素 B_3：**1.3 mg**
维生素 C：**24 mg**

钙：**311 mg**
磷：**73 mg**
钾：**435 mg**
钠：**3.0 mg**
镁：**283 mg**
铁：**8.1 mg**
锌：**0.92 mg**
铜：**0.34 mg**
锰：**1.38 mg**

紫苏目前在我国大部分地区都有种植。紫苏的常用贮藏温度为 4~6℃，应放于阴凉干燥处，密闭保存。常见的传统膳食菜肴有紫苏煎黄瓜、紫苏炖鱼、紫苏炒花甲等。因紫苏具有解毒功效，所以在食用海鲜时经常将紫苏作为配菜。

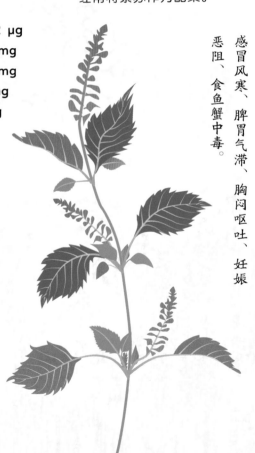

性味归经

味辛，性温，归肺、脾经。

解表散寒，行气宽中，安胎，解血蟹毒。

古法主治

感冒风寒、脾胃气滞、胸闷呕吐、妊娠恶阻、食鱼蟹中毒

枸杞子

药食两用

食部：98%

🔥 能量：**1 079 kJ**

🏃 跑步时长：**28.70 min**

蛋白质：13.9 g
脂肪：1.5 g
碳水化合物：64.1 g
不溶性膳食纤维：16.9 g

维生素 A：1 625 μg
胡萝卜素：4 μg
维生素 B₁：0.35 mg
维生素 B₂：0.46 mg
维生素 B₃：4 mg
维生素 C：48 mg
维生素 E：1.86 mg

钙：60 mg
磷：209 mg
钾：434 mg
钠：252 mg
镁：96 mg
铁：5.4 mg
锌：1.48 mg
硒：13.2 μg
铜：0.98 mg
锰：0.87 mg

枸杞子又名甜菜子、红耳坠、地骨子，目前在我国大部分地区都有种植。枸杞应置于阴凉干燥处，晾干保存，普通袋装的一般为七到八成干。枸杞子不宜大量堆积库存，要经常取出在阳光下面晾晒，否则时间久了会粘连变质。枸杞子可以直接食用或冲水食用，也可以煲汤、熬粥、做菜食用。

性味归经

味甘，性平，归肝、肾经。

补肾益精，养肝明目。

古法主治

肝虚阴虚，头痛目眩，视力减退，内障目昏，腰酸遗精，内热消渴等。

红枣

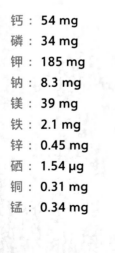

药食两用

食部：88%
水分：14.5%

蛋白质：2.1 g
脂肪：0.4 g
碳水化合物：81.1 g
不溶性膳食纤维：9.5 g
灰分：1.9 g

维生素 B_1：0.08 mg
维生素 B_2：0.15 mg
维生素 B_3：1.6 mg
维生素 C：7 mg

钙：54 mg
磷：34 mg
钾：185 mg
钠：8.3 mg
镁：39 mg
铁：2.1 mg
锌：0.45 mg
硒：1.54 μg
铜：0.31 mg
锰：0.34 mg

能量：**1 328 kJ**
跑步时长：**35.32 min**

枣原产于中国，目前在我国各地均广泛种植。红枣是枣的干制品，可常温贮藏。挑选红枣时，应选取果实整体饱满，裂纹较少，外皮光滑，没有伤痕的红枣。

性味归经

味甘，性温，归脾、胃经。

补中益气，养血安神，缓和药性。

古法主治

脾胃虚弱，食少便溏，血虚萎黄，心悸失眠，妇女脏躁，心神不安等。

甘草

药食两用

食部：100%

🔥 能量：**849 kJ**

🏃 跑步时长：**22.58 min**

蛋白质：4.9 g
脂肪：4.2 g
碳水化合物：75.0 g
不溶性膳食纤维：38.7 g

甘草又名甜草根、红甘草、粉甘草，多生长在干旱、半干旱的荒漠草原、沙漠边缘和黄土丘陵地带。

胡萝卜素：6 μg
维生素 B$_1$：0.07 mg
维生素 B$_2$：0.43 mg
维生素 B$_3$：1.0 mg
维生素 C：1 mg
维生素 E：2.32 mg

性味归经

味甘，性平，归心、肺、脾、胃经。

益气补中，祛痰止咳，清热解毒，缓急止痛，调和药性。

古法主治

心气不足，脉结代，心动悸，咳嗽痰多；热毒疮痈，咽喉肿痛，药食中毒；脘腹、四肢挛急疼痛等。

钙：832 mg
磷：38 mg
钾：28 mg
钠：155 mg
镁：337 mg
铁：21.2 mg
锌：5.88 mg
硒：4.70 μg
铜：1.14 mg
锰：1.51 mg

薄荷

药食两用

食部：**100%**

能量：**100 kJ**

跑步时长：**2.66 min**

蛋白质：**4.4 g**

碳水化合物：**6.6 g**

不溶性膳食纤维： **5.0 g**

维生素 A：**213 μg**

维生素 C：**6 mg**

钙：**341 mg**

磷：**99 mg**

钾：**677 mg**

钠：**4.0 mg**

镁：**133 mg**

铁：**4.2 mg**

锌：**0.90 mg**

铜：**1.30 mg**

锰：**0.79 mg**

薄荷广泛分布于北半球的温带地区，我国各地均有分布。薄荷对环境条件适应能力较强，性喜阳光。薄荷是药食兼用的植物，薄荷常用于菜肴的点缀，也经常用来做茶饮，常见的有蜂蜜薄荷茶等。

性味归经

味辛，性凉，归肺、肝经。

疏散风热，清利头目，利咽，透疹，疏解肝郁，避秽。

古法主治

风热感冒、温病初起、风热头痛、目赤多眵，咽喉肿痛；麻疹不透、风疹瘙痒；肝郁气滞，胸闷胁痛。

菌藻类

竹荪

菌类

🔥 能量：**1 025 kJ**

🏃 跑步时长：**27.26 min**

竹荪在我国西南各地分布较广，食用品种质量也较优。新鲜竹荪和干品竹荪都为易熟食材，做菜时，在出锅前3分钟放入竹荪，可使竹荪营养成分最高，口感也最好。常见的传统膳食菜肴有竹荪炖排骨、竹荪椰子鸡汤、竹荪红枣银耳汤等。

食部：100%

水分：13.9%

蛋白质：17.8 g

脂肪：3.1 g

碳水化合物：60.3 g

不溶性膳食纤维：46.4 g

灰分：4.9 g

维生素 B_1：0.03 mg

维生素 B_2：1.75 mg

维生素 B_3：9.1 mg

性味归经

味甘、咸，性寒，归脾、胃经。

古法主治

益气补脑、宁神健体。

咳嗽、糖尿病、高血压、高血脂、贫血。

钙：18 mg

磷：289 mg

钾：11 882 mg

钠：50 mg

镁：114 mg

铁：17.8 mg

锌：2.20 mg

硒：4.17 μg

铜：2.51 mg

锰：8.47 mg

金针菇

菌类

🔥 能量：**133 kJ**

🏃 跑步时长：**3.54 min**

金针菇在自然界广泛分布。金针菇的常用贮藏温度为 2~4℃。金针菇多用来做凉菜，常见的传统膳食菜肴有金针菇拌菠菜、金针菇拌香干、金针菇拌海带等。

食部：100%

水分：90.2%

蛋白质：2.4 g

脂肪：0.4 g

碳水化合物：6 g

不溶性膳食纤维：2.7 g

灰分：1.0 g

维生素 A：3 μg

胡萝卜素：30 μg

维生素 B_1：0.15 mg

维生素 B_2：0.19 mg

维生素 B_3：4.1 mg

维生素 C：2 mg

维生素 E：1.14 mg

磷：97 mg

钾：195 mg

钠：4.3 mg

镁：17 mg

铁：1.4 mg

锌：0.39 mg

硒：0.28 μg

铜：0.14 mg

锰：0.10 mg

性味归经

味甘，性平，归脾、胃、肝、肾经。

益智健脑、增强免疫力、降血脂、抗肿瘤。

古法主治

肝病、胃肠道炎症、溃疡、癌瘤。

平菇

菌类

能量: **100 kJ**

跑步时长: **2.66 min**

　　平菇分布较广，以热带、湿润地区为多。平菇的常用贮藏温度为 0~2℃。常见的传统膳食菜肴有干炸平菇、平菇素杂烩、平菇炒肉等。

食部：**99%**
水分：**92.4%**

蛋白质：**2.7 g**
脂肪：**0.1 g**
碳水化合物：**4.1 g**
不溶性膳食纤维：**2.1 g**
灰分：**0.7 g**

性味归经

味甘，性凉，归肝、胃经。

古法主治

补益胃肠、化痰理气、透疹解毒、止吐止泻。

食欲不振、身体倦怠、肺虚痰多、小儿麻疹透发不畅等。

维生素 A：**1 µg**
胡萝卜素：**10 µg**
维生素 B$_1$：**0.08 mg**
维生素 B$_2$：**0.35 mg**
维生素 B$_3$：**4.0 mg**
维生素 C：**2 mg**
维生素 E：**0.56 mg**

钙：**6 mg**
磷：**94 mg**
钾：**312 mg**
钠：**8.3 mg**
镁：**11 mg**
铁：**1.2 mg**
锌：**0.92 mg**
硒：**0.55 µg**
铜：**0.49 mg**
锰：**0.11 mg**

黑木耳

菌类

能量: **1 107 kJ**

跑步时长: **29.44 min**

黑木耳主要产于我国东北和秦岭地区。干品可常温贮藏，鲜木耳的常用贮藏温度为 2~4℃。常见的传统膳食菜肴有凉拌黑木耳、黑木耳炒鸡蛋、蒜蓉西兰花炒木耳等。

食部: 100%

水分: 15.5%

蛋白质: 12.1 g

脂肪: 1.5 g

碳水化合物: 65.6 g

不溶性膳食纤维: 29.9 g

灰分: 5.3 g

维生素 A : 8 µg

胡萝卜素: 100 µg

维生素 B$_1$: 0.17 mg

维生素 B$_2$: 0.44 mg

维生素 B$_3$: 2.5 mg

维生素 E : 11.34 mg

性味归经

味甘，性平，归脾、胃、大肠经。

古法主治

益气不饥、轻身强志、滋养益胃、活血止血。

脾胃虚弱、气血不足、润燥利肠、痔疮。

钙 : 247 mg

磷 : 292 mg

钾 : 757 mg

钠 : 48.5 mg

镁 : 152 mg

铁 : 97.4 mg

锌 : 3.18 mg

硒 : 3.72 µg

铜 : 0.32 mg

锰 : 8.86 mg

香菇

菌类

能量: **107 kJ**

跑步时长: **2.85 min**

　　香菇栽培始于我国。香菇的常用贮藏温度为 4~6℃。常见的传统膳食菜肴有香菇炒油菜、香菇鸡块、玉米香菇排骨汤等。

食部：100%

水分：91.7%

蛋白质：2.2 g

脂肪：0.3 g

碳水化合物：5.2 g

不溶性膳食纤维：3.3 g

灰分：0.6 g

维生素 B_2：0.08 mg

维生素 B_3：2.0 mg

维生素 C：1 mg

性味归经

味甘，性平，归肝、胃经。

古法主治

补气健身、益脾养胃、透发痘疹。

体质虚弱、气短乏力、食欲不振、痘疹不透。

钙：2 mg

磷：53 mg

钾：20 mg

钠：1.4 mg

镁：11 mg

铁：0.3 mg

锌：0.66 mg

硒：2.58 μg

铜：0.12 mg

锰：0.25 mg

银耳

菌类

能量: **1 092 kJ**

跑步时长: **29.04 min**

银耳发源于我国四川通江。银耳的常用贮藏温度为2~4℃。银耳一般用作汤羹，常见的传统膳食菜肴有银耳莲子羹、木瓜银耳羹、冰糖梨子银耳羹等。

食部: **96%**
水分: **14.6%**

蛋白质: **10.0 g**
脂肪: **1.4 g**
碳水化合物: **67.3 g**
不溶性膳食纤维: **30.4 g**
灰分: **6.7 g**

古法主治

肺热咳嗽、咽干口渴、气血两亏、病后体虚。

性味归经

味甘，性平，归肺、胃经。润肺化痰、益胃生津、补肾健脑。

维生素 A: **4 μg**
胡萝卜素: **50 μg**
维生素 B$_1$: **0.05 mg**
维生素 B$_2$: **0.25 mg**
维生素 B$_3$: **5.3 mg**
维生素 E: **1.26 mg**

钙: **36 mg**
磷: **369 mg**
钾: **1 588 mg**
钠: **82.1 mg**
镁: **54 mg**
铁: **4.1 mg**
锌: **3.03 mg**
硒: **2.95 μg**
铜: **0.08 mg**
锰: **0.17 mg**

紫菜

藻类

🔥 能量: **1 050 kJ**

🏃 跑步时长: **27.93 min**

紫菜主要分布在我国的沿海地带。紫菜在食用前需要用清水浸泡，并清洗干净后食用。紫菜主要用于煲汤，常见的传统膳食菜肴有紫菜蛋花汤等。

食部: **100%**

水分: **12.7%**

蛋白质: **26.7 g**

脂肪: **1.1 g**

碳水化合物: **44.1 g**

不溶性膳食纤维: **21.6 g**

灰分: **15.4 g**

性味归经

味甘、咸，性寒，归肺、脾、膀胱经。

软坚化痰、清热利水。

古法主治

痰多咳嗽、水肿尿少、甲状腺肿大、高血压等。

维生素 A: **114 μg**

胡萝卜素: **1 370 μg**

维生素 B$_1$: **0.27 mg**

维生素 B$_2$: **1.02 mg**

维生素 B$_3$: **7.3 mg**

维生素 C: **2 mg**

维生素 E: **1.82 mg**

钙: **264 mg**

磷: **350 mg**

钾: **1 796 mg**

钠: **710.5 mg**

镁: **105 mg**

铁: **54.9 mg**

锌: **2.47 mg**

硒: **7.22 μg**

铜: **1.68 mg**

锰: **4.32 mg**

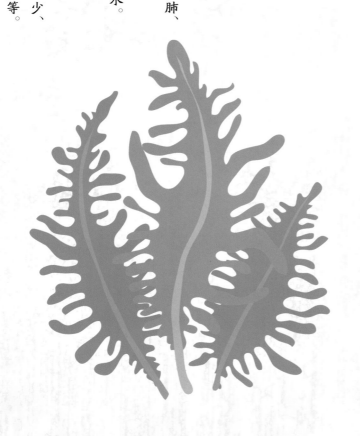

坚果、种子类

核桃仁 仁果类

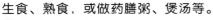

能量：**2 704 kJ**
跑步时长：**71.91 min**

核桃仁又名胡桃仁、胡桃肉。核桃在我国平原及丘陵地区均有栽培。核桃仁的最佳贮藏温度为 0~1℃。核桃可生食、熟食，或做药膳粥、煲汤等。

食部：**43%**
水分：**5.2%**

蛋白质：**14.9 g**
脂肪：**58.8 g**
碳水化合物：**19.1 g**
不溶性膳食纤维：**9.5 g**
灰分：**2.0 g**

维生素 A：**3 μg**
胡萝卜素：**30 μg**
维生素 B_1：**0.15 mg**
维生素 B_2：**0.14 mg**
维生素 B_3：**0.9 mg**
维生素 C：**1 mg**
维生素 E：**43.21 mg**

钙：**56 mg**
磷：**294 mg**
钾：**385 mg**
钠：**6.4 mg**
镁：**131 mg**
铁：**2.7 mg**
锌：**2.17 mg**
硒：**4.62 μg**
铜：**1.17 mg**
锰：**3.44 mg**

古法主治

虚寒咳嗽、腰腿疼痛、心腹疝痛、血痢肠风，消肿毒、发痘疮。

性味归经

味甘，性温，归肾、肺经。补气养血、润燥化痰、通利三焦、温肺润肠。

106

栗 树坚果

🔥 能量: **789 kJ**

🏃 跑步时长: **20.98 min**

食部: 80%
水分: 52.0%

栗是传统的五果之一，多生于低山丘陵缓坡及河滩地带，目前在我国很多地区都有栽培。栗的常用贮藏温度为0~4℃。挑选栗时，应挑选果皮颜色为红色，果实饱满，手感较硬，碰撞时会有清脆的碰撞声，且表面没有虫害的果实。

蛋白质: 4.2 g
脂肪: 0.7 g
碳水化合物: 42.2 g
不溶性膳食纤维: 1.7 g
灰分: 0.9 g

维生素 A: 16 μg
胡萝卜素: 190 μg
维生素 B_1: 0.14 mg
维生素 B_2: 0.17 mg
维生素 B_3: 0.8 mg
维生素 C: 24 mg
维生素 E: 4.56 mg

钙: 17 mg
磷: 89 mg
钾: 442 mg
钠: 13.9 mg
镁: 50 mg
铁: 1.1 mg
锌: 0.57 mg
硒: 1.13 μg
铜: 0.40 mg
锰: 1.53 mg

古法主治
肾亏，腰膝酸软，脾虚泄泻，跌打损伤。

性味归经
厚肠胃、补肾气，消瘀血。味咸，性温，归脾、肾经。

莲子 种子

🔥 能量：**1 463 kJ**

🏃 跑步时长：**38.91 min**

　　莲子是睡莲科水生草本植物莲的种子，目前在我国分布比较广泛。莲子可以放些许花椒来一起保存，并置于阴凉干燥处，花椒的气味可以防止莲子生虫。在食用时，用水浸泡几分钟后，花椒就会浮于水面。莲子经常用来做汤羹，常见的有银耳莲子羹、莲子百合鸡蛋糖水等。

食部：100%
水分：9.5%

蛋白质：17.2 g
脂肪：2.0 g
碳水化合物：67.2 g
不溶性膳食纤维：3.0 g
灰分：4.1 g

维生素 B$_1$：0.16 mg
维生素 B$_2$：0.08 mg
维生素 B$_3$：4.2 mg
维生素 C：5 mg
维生素 E：2.71 mg

钙：97 mg
磷：550 mg
钾：846 mg
钠：5.1 mg
镁：242 mg
铁：3.6 mg
锌：2.78 mg
硒：3.36 µg
铜：1.33 mg
锰：8.23 mg

古法主治
脾虚泄泻，遗精带下、心悸失眠。

补脾止泻、益肾涩精、养心安神。

性味归经
味甘、涩，性平，归脾、肾、心经。

黑芝麻 种子

🔥 能量：**2 340 kJ**

🏃 跑步时长：**62.23 min**

黑芝麻又名胡麻、油麻、巨胜等，在安徽、湖北、贵州、云南、广西、四川等地分布较广泛。黑芝麻可以用来做黑芝麻枣粥、黑芝麻菠菜酪、黑芝麻香酥蛋卷等美食。

食部：**100%**
水分：**5.7%**

蛋白质：**19.1 g**
脂肪：**46.1 g**
碳水化合物：**24.0 g**
不溶性膳食纤维：**14.0 g**
灰分：**5.1 g**

维生素 B_1：**0.66 mg**
维生素 B_2：**0.25 mg**
维生素 B_3：**5.9 mg**
维生素 E：**50.4 mg**

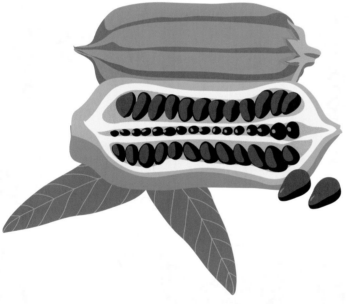

钙：**780 mg**
磷：**516 mg**
钾：**358 mg**
钠：**8.3 mg**
镁：**290 mg**
铁：**22.7 mg**
锌：**6.13 mg**
硒：**4.70 μg**
铜：**1.77 mg**
锰：**17.85 mg**

性味归经

味甘，性平，归肝、肾经。

古法主治

补中益气，润养五脏，补肺气，止心惊，利大小肠，耐寒暑，逐风湿气、游风、头风，治劳气、产后羸困，催生落胞。须发早白，头晕耳鸣，肾肝亏虚，四肢无力，便秘。

糖类

蜂蜜 糖

 能量：1 343 kJ

 跑步时长：35.72 min

蜂蜜又名蜂糖、白蜜、食蜜。常用贮藏温度为 5~10℃，空气湿度不超过 75%。装蜂蜜的容器要盖严，防止漏气，减少蜂蜜与空气接触。

古法主治

脘腹挛急疼痛，肺虚久咳，肺燥干咳，肠燥便秘；解乌头类药毒；外治疮疡不敛，水火烫伤。

性味归经

味甘，性平，归肺、脾、大肠经。

补中，润燥，止痛，解毒。

食部：**100%**
水分：**22%**

蛋白质：**0.4 g**
脂肪：**1.9 g**
碳水化合物：**75.6 g**
灰分：**0.1 g**

维生素 B_2：**0.05 mg**
维生素 B_3：**0.1 mg**
维生素 C：**3 mg**

钙：**4 mg**
磷：**3 mg**
钾：**28 mg**
钠：**0.3 mg**
镁：**2 mg**
铁：**1.0 mg**
锌：**0.37 mg**
硒：**0.15 μg**
铜：**0.03 mg**
锰：**0.07 mg**

调料类

花椒

又名大椒、秦椒、蜀椒，原产于中国，目前在我国各地均广泛栽培。在挑选时，应选择鲜红光艳、肉细均匀、味麻而香、身干籽少、无苦无异味的花椒。花椒在食物中常作为调料，同时也具有重要的药用价值。

性味归经

味辛，性温，归脾、胃、肾经。

温中止痛，杀虫止痒。

古法主治

脘腹冷痛、寒湿吐泻、虫积腹痛；外治湿疹，阴痒。

肉桂

又名中国肉桂、玉桂、牡桂、菌桂，原产于中国。肉桂的树皮常被用作香料、烹饪材料及药材，其木材可供制造家具，该种也能作为园林绿化树种。肉桂在食物中常作为调料，同时也具有重要的药用价值。

性味归经

味辛、甘，性大热，归肾、脾、心、肝经。

补火助阳，散寒止痛，温经通脉，引火归原。

古法主治

阳痿宫冷，心腹冷痛，寒疝作痛；寒痹腰痛，胸痹，阴疽，经闭，痛经；虚阳上浮证。

高良姜

又名风姜、小良姜、膏凉姜，为姜科植物高良姜的干燥根茎，产于我国广东、海南等地。在挑选时，应选择分枝少、色红棕、香气浓、味辣的高良姜。高良姜在食物中常作为调料，同时也具有重要的药用价值。

性味归经

味辛，性热，归脾、胃经。

古法主治

散寒止痛、温中止呕。脘腹冷痛，胃寒呕吐。

陈皮

又名橘皮，为芸香科植物橘及其栽培变种的干燥成熟果皮，产于我国江西、湖南、贵州、云南、四川等地。好的陈皮一般表面干燥，清脆，色泽鲜亮，有淡淡的辛香味。陈皮在食物中常作为调料，同时也具有重要的药用价值。

性味归经

味苦、辛，性温，归脾、肺经。

理气健脾，燥湿化痰。

古法主治

脾胃气滞证，胸脘胀痛，呕吐，呃逆，痰湿，寒痰咳嗽。

八角

又名八角茴香、大茴香、唛角，产于我国福建、广东、广西、云南等地。八角为著名的调味香料，果皮、种子、叶都含芳香油，是制造化妆品、甜香酒、啤酒和食品工业的重要原料，同时也具有重要的药用价值。

性味归经

味辛、甘，性温，归肝、肾、脾、胃经。

温阳散寒、理气止痛。

古法主治

腰脊冷痛、腹胀嗳气、胃脘气痛及疝气疼痛等。

桂皮

又名柴桂、山肉桂、土桂，主产于我国云南西部。桂皮常用作芳香调味品，此外还可提取桂皮油，为食品工业中重要的香料，也供药用。

性味归经

味辛，性大热，归胃、脾经。

温脾和胃、祛风散寒、活血通脉。

古法主治

胃寒气痛，妇女经前小腹胀痛或产后腹痛。

山茱萸

又名山萸肉、药枣、天木籽，产于我国山西、陕西、甘肃等地。山茱萸可作为原料开发绿色保健食品，可加工成饮料、果酱、蜜饯及罐头等多种食品，也具有药用和观赏价值。

性味归经

味酸、涩，性微温，归肝、肾经。

补益肝肾、涩精固涩。

古法主治

眩晕耳鸣，腰膝酸痛，阳痿遗精，崩漏带下，月经过多，大汗虚脱，内热消渴。

草果

又名草果仁、草果子，产于我国云南、广西、贵州等地。草果作为调味的香料用来烹调菜肴，可去腥除膻，增进菜肴味道，也是药食两用中药材大宗品种之一。

性味归经

味辛，性温，归脾、胃经。

燥湿温中、除痰截疟。

古法主治

寒湿内阻，脘腹冷痛，呕吐泄泻；疟疾寒热。

116

白芷

又名川白芷、芳香，产于我国西南、东北、华北等地。在挑选时，应选择根条肥大、均匀、质重、粉性足、香气浓的白芷。白芷可作为香料，也具有重要的药用价值。

性味归经

味辛，性温，归胃、大肠、肺经。

解表散寒，止痛，通窍，燥湿止带，消肿排脓。

古法主治

风寒感冒，头痛、眉棱骨痛，牙痛；鼻塞，鼻渊；带下过多，疮疡肿痛。

肉豆蔻

又名肉果、玉果，原产于马来西亚、印度尼西亚，目前在我国广东、广西、云南都有种植。肉豆蔻可作为调味品食用，其种子含油脂较多，可供工业用油，也供药用。

性味归经

味辛，性温，归脾、胃、大肠经。

涩肠止泻，温中行气。

古法主治

脾胃虚寒，久泻久痢，胃脘胀痛，食少呕吐。

草豆蔻

又名漏蔻、草蔻、草蔻仁等，产于我国云南、广西等地。草豆蔻作为香辛调味料，具有去除膻味、怪味，增加菜肴特殊香味的作用，同时也具有重要的药用价值。

性味归经

味辛，性温，归脾、胃经。燥湿行气、温中止呕。

古法主治

寒湿中阻、脘腹胀满、冷痛、不思饮食、嗳气呕逆、腹痛泄泻。

豆蔻

又名白豆蔻，原产于印度尼西亚，目前在我国广东、广西等地也有分布。豆蔻为烹饪中常见的香辛料，同时也具有重要的药用价值。

性味归经

味辛，性温，归肺、脾、胃经。化湿行气、温中止呕。

古法主治

湿浊中阻，不思饮食；湿温初起，胸闷不饥；寒湿呕逆，脘腹胀满，食积不消。

丁香

又名丁子香，原产于印度尼西亚。丁香是世界名贵的香料植物，用于烹调、香烟添加剂、焚香的添加剂、制茶等，也供药用。

性味归经

味辛，性温，归脾、胃、肺、肾经。

温中降逆，散寒止痛，补肾助阳。

古法主治

胃寒呕吐、呃逆、心腹冷痛、食少吐泻，阳痿，宫冷。

砂仁

又名小豆蔻，产于我国福建、广东、广西和云南等地。在挑选时，应选择圆形或卵圆形，外表棕黄色，有密生刺状突起，具有浓烈的芳香气味，味道微苦的砂仁。砂仁植株观赏价值较高，初夏可赏花，盛夏可观果，其果实具有重要的药用价值。

性味归经

味辛、涩，性温，归脾、胃、肾经。

化湿行气、温中止泻，理气安胎。

古法主治

湿浊中阻、脘痞胀痛；脾胃虚寒、呕吐泄泻；妊娠恶阻，胎动不安。

小茴香

又名谷茴香、谷茴、懷香，有特异香气，为伞形科植物茴香的干燥成熟果实，产于我国内蒙古、山西。小茴香可以祛除鱼肉等食物中的腥味，同时也具有重要的药用价值。

性味归经

味微甜、辛，性温，归肝、肾、脾、胃经。

散寒止痛，理气和胃。

古法主治

寒疝腹痛，睾丸偏坠胀痛，少腹冷痛，痛经；中焦虚寒气滞证，脘腹胀痛，食少吐泻。

干姜

又名白姜、均姜、干生姜，为姜科植物姜的干燥根茎，主产于四川、贵州等地。在挑选时，应选具有指状分枝，表面呈灰黄色或浅灰棕色，断面呈黄白色的干姜。干姜是非常好的养生保健食材，也是我国的一种传统药材。

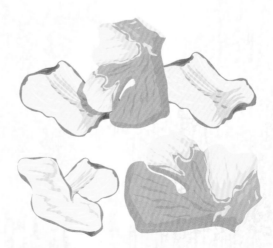

性味归经

味辛，性热，归脾、胃、肾、心、肝经。

温中散寒，回阳通脉，温肺化饮。

古法主治

脘腹冷痛，呕吐泄泻；亡阳证，肢冷脉微；寒饮喘咳。

木香

又名蜜香、五香、五木香，为菊科植物木香的根，产于我国云南丽江等地。在挑选时，应选择条匀、质坚实、香气浓郁的木香。木香可以作为调料食用，同时在中医中是一味调理气机的常用药品。

性味归经

味辛、苦，性温，归脾、胃、大肠、三焦、胆经。

行气止痛，健脾消食。

古法主治

脾胃气滞，脘腹痞满胀痛，食欲不振；大肠气滞，泻痢里急后重，泻而不爽；肝郁气滞，胁肋胀痛，疝气疼痛。

胡椒粉

又名古月粉，由热带植物胡椒的果实碾压而成。胡椒是海南最著名的特产之一，在广东也有分布。胡椒粉是世界上重要的调味香料，在烹饪时可以祛腥提味。

性味归经

味辛，性热，归胃、大肠经。

温中散寒，下气消痰。

古法主治

胃寒腹痛、呕吐泄泻，食欲不振，癫痫症。

图书在版编目（CIP）数据

中国传统素食荟萃 / 王凤忠，王志东，张洁主编 .—
北京：中国农业科学技术出版社，2020.12

ISBN 978-7-5116-4824-2

Ⅰ. ①中 … Ⅱ . ①王 … ②王 … ③张 … Ⅲ. ①全素膳食-
中国 Ⅳ. ① TS971.2

中国版本图书馆 CIP 数据核字（2020）第 257526 号

责任编辑	周　朋　徐　毅
责任校对	李向荣
出 版 者	中国农业科学技术出版社
	北京市中关村南大街 12 号　　　邮编：100081
电　　话	（010）82106643（编辑室）　（010）82109702（发行部）
	（010）82109709（读者服务部）
传　　真	（010）82106650
网　　址	http://www.CASTP.cn
经 销 者	各地新华书店
印 刷 者	北京东方宝隆印刷有限公司
开　　本	710 mm×1 000 mm　1/16
印　　张	8
字　　数	85 千字
版　　次	2020 年 12 月第 1 版　2020 年 12 月第 1 次印刷
定　　价	68.00 元